전산응용기계제도
기능사 실기

(주)시대고시기획

전산응용기계제도기능사 실기

Always with you

사람이 길에서 우연하게 만나거나 함께 살아가는 것만이 인연은 아니라고 생각합니다.

책을 펴내는 출판사와 그 책을 읽는 독자의 만남도 소중한 인연입니다.

SD에듀는 항상 독자의 마음을 헤아리기 위해 노력하고 있습니다.

늘 독자와 함께하겠습니다.

머리말

합격으로 안내하는 지름길, 당신의 도전에 함께하겠습니다

CAD를 이용한 작업형 실기 시험은 조립도면을 투상하여 KS 규격에 의한 기계제도법을 정확히 이해하고 도면을 작도하여 제출해야 하며, 올바른 치수 기입, 공차 및 끼워맞춤, 표면거칠기, 기하공차 등의 내용을 도면에 표현해야 하는 시험입니다. 단순히 모델링 및 치수 기입을 따라서 작도하는 것은 어렵지 않지만 도면을 해석하고 설계자의 의도를 다른 사람에게 정확히 전달할 수 있는 도면을 만드는 것은 쉽지 않습니다.

본 교재는 일반기계기사 및 기계설계기사 · 산업기사, 전산응용기계제도기능사, 자동화설비산업기사, 자동화설비기능사 등의 CAD 작업형 실기를 필요로 하는 국가기술 자격증 취득을 목적으로 집필하였습니다.

혼자서도 학습할 수 있도록 QR코드를 통해 해당 영역의 유튜브 동영상 강의를 제공하며, 교재의 처음부터 순서대로 학습하여 실기 시험을 최단기간에 준비하고 자격증을 취득할 수 있도록 구성 하였습니다.

본 교재를 통해 3D 프로그램에 대한 더 넓은 이해, 실무 활용, 그리고 개인의 기술능력 향상에도 많은 도움이 되길 희망하며, 여러분의 합격 길잡이가 되길 바랍니다.

편저자 씀

시험안내

개요

전자 · 컴퓨터 기술의 급속한 발전에 따라 기계제도 분야에서도 컴퓨터에 의한 설계 및 생산시스템(CAD/CAM)이 광범위하게 이용되고 있으나 이러한 시스템을 효율적으로 적용하고 응용할 수 있는 인력은 부족한 편이다. 이에 따라 산업현장에서 필요로 하는 전산응용기계제도 분야의 기능인력을 양성하고자 자격을 제정하였다.

진로 및 전망

기계, 조선, 항공, 전기, 전자, 건설, 환경, 플랜트 엔지니어링 분야 등으로 진출한다. 최근 기계제도 분야에서는 CAD 시스템 사용 보편화와 CAD 기술의 지속적인 발전으로 전산응용기계제도 방식이 주류를 이루고 있다. 이에 따라 향후 시스템 운용을 담당할 기능인력이 꾸준히 증가할 전망이다.

시험일정

구분	필기원서접수 (인터넷)	필기시험	필기합격 (예정자)발표	실기원서접수	실기시험	최종 합격자 발표일
제1회	1.2~1.5	1.21~1.24	1.31	2.5~2.8	3.16~4.2	4.17
제2회	3.12~3.15	3.31~4.4	4.17	4.23~4.26	6.1~6.16	7.3
제3회	5.28~5.31	6.16~6.20	6.26	7.16~7.19	8.17~9.3	9.25
제4회	8.20~8.23	9.8~9.12	9.25	9.30~10.4	11.9~11.24	12.11

※ 상기 시험일정은 시행처의 사정에 따라 변경될 수 있으니, www.q-net.or.kr에서 확인하시기 바랍니다.

시험요강

❶ 시행처 : 한국산업인력공단
❷ 관련 학과 : 실업계 고등학교의 기계 관련 학과
❸ 시험과목
   ㉠ 필기 : 기계설계제도
   ㉡ 실기 : 기계설계제도 실무
❹ 검정방법
   ㉠ 필기 : 객관식 4지 택일형 60문항(60분)
   ㉡ 실기 : 작업형(5시간 정도)
❺ 합격기준
   ㉠ 필기 : 100점을 만점으로 하여 60점 이상
   ㉡ 실기 : 100점을 만점으로 하여 60점 이상

출제기준

실기과목명	주요항목	세부항목	세세항목
기계설계제도 실무	2D 도면작업	작업 환경 설정하기	• 보조 명령어를 이용하여 CAD 프로그램을 사용자 환경에 맞게 설정할 수 있다. • 도면작도에 필요한 부가 명령을 설정할 수 있다. • 도면영역의 크기를 설정하고 작도를 제한할 수 있다. • 선의 종류와 용도에 따라 도면층을 설정할 수 있다. • 작업 환경에 적합한 템플릿을 제작하여 도면의 형식을 균일화시킬 수 있다.
		도면 작성하기	• 정확한 치수로 작도하기 위하여 좌표계를 활용할 수 있다. • 도면요소를 선택하여 작도, 지우기, 복구를 수행할 수 있다. • 도형작도 명령을 이용하여 여러 가지 도면요소들을 작도 및 수정할 수 있다. • 도면요소를 복사, 이동, 스케일, 다중 배열 등 편집하고 변환할 수 있다. • 선분을 분할하고 도면요소를 조회하여 활용할 수 있다. • 자주 사용되는 도면요소를 블록화하여 사용할 수 있다. • 관련 산업표준을 준수하여 도면을 작도할 수 있다. • 요구되는 형상에 대하여 파악하고, 이를 2D CAD 프로그램의 기능을 이용하여 작도할 수 있다. • 요구되는 형상과 비교 · 검토하여 오류를 확인하고, 발견되는 오류를 즉시 수정할 수 있다.
	2D 도면관리	치수 및 공차 관리하기	• KS 및 ISO 규격 또는 사내 규정에 맞는 도면유형을 설정하여 도면요소의 투상 및 치수 등 관련 정보를 생성할 수 있다. • 생성된 관련 정보를 수정하고 편집할 수 있다. • 대상물의 치수에 관련된 가공상에 적합한 공차를 표현할 수 있다. • 대상물의 모양, 자세, 위치 및 흔들림에 관한 기하공차를 표현할 수 있다. • 대상물의 표면거칠기를 고려하여 다듬질공차 기호를 표현할 수 있다.
		도면출력 및 데이터 관리하기	• 요구되는 데이터 형식에 맞도록 저장하거나 출력할 수 있다. • 프린터, 플로터 등 인쇄 장치의 설치와 출력 도면 영역설정으로 실척 및 축(배)척으로 출력할 수 있다. • CAD 데이터 형식에 대하여 각각의 용도 및 특성을 파악하고 이를 변환할 수 있다. • 작업된 도면의 용도 및 활용성을 파악하고 분류하여 저장할 수 있다.

실기과목명	주요항목	세부항목	세세항목
기계설계제도 실무	3D 형상 모델링 작업	3D 형상 모델링 작업 준비하기	• 명령어를 이용하여 3D CAD 프로그램을 사용자 환경에 맞도록 설정할 수 있다. • 3D 형상 모델링에 필요한 부가 명령을 설정할 수 있다. • 작업 환경에 적합한 템플릿을 제작하여 도면의 형식을 균일화시킬 수 있다.
		3D 형상 모델링 작업하기	• KS 및 ISO 관련 규격을 준수하여 형상을 모델링할 수 있다. • 스케치 도구를 이용하여 디자인을 형상화할 수 있다. • 디자인에 치수를 기입하여 치수에 맞게 형상을 수정할 수 있다. • 기하학적 형상을 구속하여 원하는 형상을 유지시키거나 선택되는 요소에 다양한 구속 조건을 설정할 수 있다. • 특징형상 설계를 이용하여 요구되어지는 3D 형상 모델링을 완성할 수 있다. • 연관복사 기능을 이용하여 원하는 형상으로 편집하고 변환할 수 있다. • 요구되어지는 형상과 비교, 검토하여 오류를 확인하고 발견되는 오류를 즉시 수정할 수 있다.
	3D 형상 모델링 검토	3D 형상 모델링 검토하기	• 3D 형상 모델링의 관련 정보를 도출하고 수정할 수 있다. • 각각의 단품으로 조립형상 제작 시 적절한 조립 구속조건을 사용하여 조립품을 생성할 수 있다. • 조립품의 간섭 및 조립여부를 점검하고 수정할 수 있다. • 편집기능을 활용하여 모델링을 하고 수정할 수 있다.
		3D 형상 모델링 출력 및 데이터 관리하기	• KS 및 ISO 국내외 규격 또는 사내 규정에 맞는 2D 도면유형을 설정하여 투상 및 치수 등 관련 정보를 생성할 수 있다. • 도면에 대상물의 치수에 관련된 공차를 표현할 수 있다. • 대상물의 모양, 자세, 위치 및 흔들림에 관한 기하공차를 도면에 표현할 수 있다. • 대상물의 표면거칠기를 고려하여 다듬질공차 기호를 표현할 수 있다. • 요구되는 데이터 형식에 맞도록 저장하거나 출력할 수 있다. • 프린터, 플로터 등 인쇄 장치를 설치하고 출력 도면영역을 설정하여 실척 및 축(배)척으로 출력할 수 있다. • 3D CAD 데이터 형식에 대한 각각의 용도 및 특성을 파악하고 이를 변환할 수 있다. • 작업된 도면의 용도 및 활용성을 파악하고 분류하여 저장할 수 있다.

실기과목명	주요항목	세부항목	세세항목
기계설계제도 실무	기본측정기 사용	작업계획 파악하기	• 작업지시서와 도면으로부터 측정하고자 하는 부분을 파악할 수 있다. • 작업지시서와 도면으로부터 측정방법을 파악할 수 있다.
		측정기 선정하기	• 제품의 형상과 측정 범위, 허용공차, 치수 정도에 알맞은 측정기를 선정할 수 있다. • 측정에 필요한 보조기구를 선정할 수 있다.
		기본측정기 사용하기	• 측정에 적합하도록 측정물을 설치할 수 있다. • 측정기의 0점 세팅을 수행할 수 있다. • 측정오차요인이 측정기나 공작물에 영향을 주지 않도록 조치할 수 있다. • 작업표준 또는 측정기의 사용법에 따라 측정을 수행할 수 있다. • 측정기 지시값을 읽을 수 있다. • 측정된 결과가 도면의 요구사항에 부합하는지 판단할 수 있다.
	조립 도면 해독	부품도 파악하기	• 수요자의 요구사항에 따라 기계 조립 도면을 해독할 수 있다. • 기계 조립 도면에 따라 유공압 장치조립, 전기장치조립 도면을 구분하여 해독할 수 있다. • 기계 조립의 수정 보완을 위하여 조립 도면의 설계 변경 내용과 개정 내용을 확인할 수 있다.
		조립도 파악하기	• 기계 부품 도면을 파악하기 위하여 조립도 내의 부품리스트를 작업 계획에 반영할 수 있다. • 기계 부품 도면에 따라 각 기계 부품의 치수공차를 해석할 수 있다. • 기계 부품 도면에 따라 표면거칠기와 열처리 유무를 확인할 수 있다.

이 책의 구성과 특징

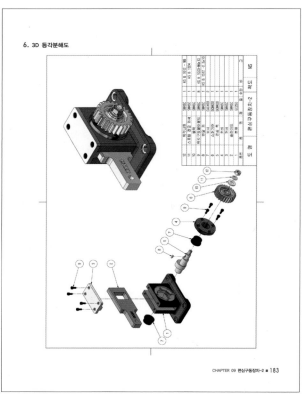

실기 기초 개념 이해

기초적인 개념 이해를 위해 필요한 기본 이론과 실기 시험 도면 작성을 위한 인벤터, 오토캐드의 환경 설정 및 프로그램 사용법을 설명하였습니다. 시험 출제기준에 맞추어 도면을 작성할 수 있도록 출제기준과 채점기준을 수록하였습니다.

실전과제 연습

시험에 출제되는 33개의 과제도면과 2D 및 3D 모범답안, 등각분해도 및 채점 Point를 수록하였습니다. 혼자서 연습하는 데 도움이 되는 유튜브 동영상을 수록하여 단기간에 합격할 수 있도록 구성하였습니다.

CHAPTER 01 전동장치

090

CHAPTER 02 기초동력전달장치

104

CHAPTER 03 동력전달장치-1

126

CHAPTER 04 동력전달장치-2

138

CHAPTER 05 동력전달장치-3

150

CHAPTER 06 동력전달장치-4

156

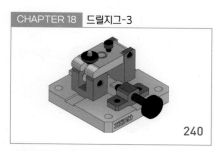

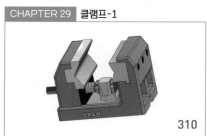
[사용 소프트웨어]

PART **1**

실기 기초 개념 이해

TIP   3D 모델링 및 2D 치수기입 프로그램(인벤터, 오토캐드, 솔리드웍스, 카티아, NX-UG, 크레오, FUSION360 등)에는 여러 가지가 있다. 그중에서 국가기술자격시험에 최적화된 프로그램은 인벤터이다. 3D 프로그램의 원리는 모두 같지만, 인벤터가 다른 프로그램보다 직관적이며 사용하기 쉽기 때문에 인벤터로 실기시험을 준비하는 것을 추천한다. 추천하는 조합은 첫째로 3D 인벤터 & 2D 인벤터이다. 인벤터 2D에서 치수 기입이나 표면거칠기, 기하공차 등을 작성 시 오토캐드에 비해 월등히 편리하여 시간이 많이 단축된다. 둘째는 3D 인벤터 & 2D 오토캐드이다. 오토캐드는 2D 치수 기입에서 정밀한 표현을 나타내기 쉽고 기계분야뿐 아니라 범용으로도 많이 사용되고 있다. 본 교재는 두 가지 조합을 모두 수록하였으므로 비교하여 본인에게 맞는 방법을 사용하면 된다.

인벤터(Inventor) 3D 시작하기

1. 인벤터 다운로드

※ 오토데스크에서 만든 인벤터와 오토캐드는 홈페이지(www.autodesk.co.kr)에서 제품을 다운로드 후 학생인증(학생증, 재학증명서 등)을 하면 1년 무료 라이센스를 제공한다. 1년 단위로 연장이 가능하고, 학생인증을 하지 않더라도 30일 무료 체험판을 제공한다. 이외에도 다양한 3D 및 2D 프로그램을 제공하니 홈페이지를 방문하여 보자.

2. 인벤터 3D 프로그램 프로세스(3단계)

① 작업 평면 선택 ⇨ ② 스케치 작성 ⇨ ③ 형상 만들기

※ 인벤터를 비롯한 모든 3D 프로그램의 3차원 입체도형 그리기는 크게 다음의 3단계로 이루어진다. 다른 3D 프로그램도 아이콘의 모양만 다를 뿐 같은 방법으로 모델링이 이루어지므로 원리를 잘 이해하길 바란다.

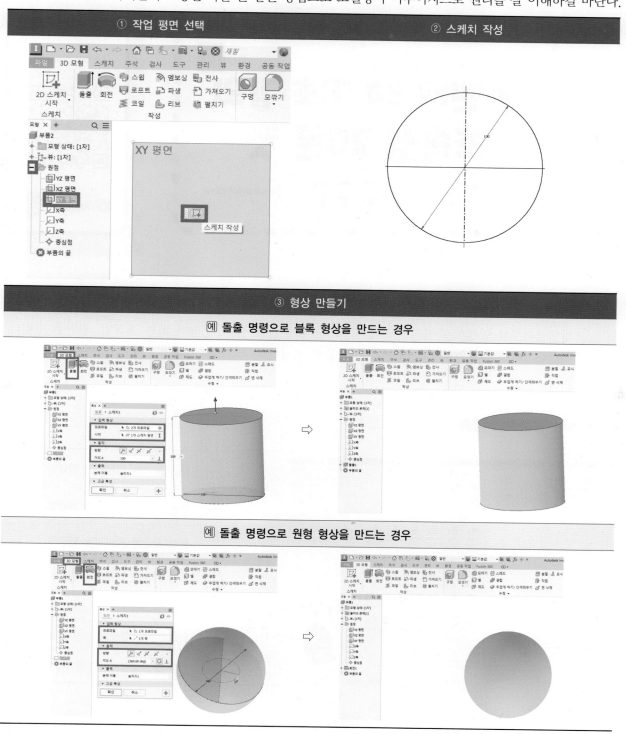

3. 인벤터 시작하기

※ 인벤터 3D 기초 강의영상으로 인벤터를 처음 다루는 학생들이 인벤터 아이콘을 실행해서 템플릿을 선택하는 방법에서부터 인벤터 화면의 인터페이스의 구성에 관한 설명, 인벤터 화면 조작법, 간단한 인벤터 단축 아이콘 및 명령어 알아보기, 인벤터 기본옵션 설정하기, 3D 프로그램의 프로세스 등을 설명하고 있다.

4. 인벤터 템플릿의 종류

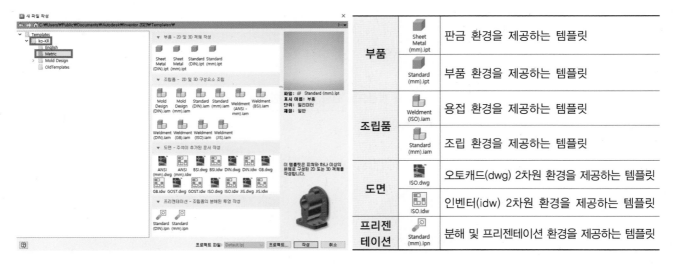

부품	Sheet Metal (mm).ipt	판금 환경을 제공하는 템플릿
	Standard (mm).ipt	부품 환경을 제공하는 템플릿
조립품	Weldment (ISO).iam	용접 환경을 제공하는 템플릿
	Standard (mm).iam	조립 환경을 제공하는 템플릿
도면	ISO.dwg	오토캐드(dwg) 2차원 환경을 제공하는 템플릿
	ISO.idw	인벤터(idw) 2차원 환경을 제공하는 템플릿
프리젠테이션	Standard (mm).ipn	분해 및 프리젠테이션 환경을 제공하는 템플릿

5. 인벤터 화면 구성(인터페이스)

① **퀵 메뉴 막대** : 파일 열기, 저장하기 등 파일에 대한 내용과 재질, 색상의 설정이 가능하다.

② **리본 메뉴 막대** : 각각의 환경에 맞는 명령어들이 묶여 있다.

③ **검색기 막대** : 작업 중인 내용을 순서대로 나타내 준다.

④ **뷰 큐브** : 화면의 뷰 방향을 제어할 수 있다.

⑤ **탐색 막대** : 화면제어 아이콘이 묶여 있다.

⑥ **작업화면창** : 부품의 생성 및 조립 작업이 이루어지는 영역이다.

⑦ **좌표계** : 작업화면의 좌표계 방향을 나타낸다.

6. 인벤터 화면 조작법

확대 축소 : ② 휠 버튼을 위로 굴리면 확대, 아래로 굴리면 축소된다.
시점 이동 : ② 휠 버튼을 누른 채 드래그하면 화면 시점을 이동한다.
화면 회전 • F4 버튼 + ① 버튼을 누른 상태로 회전을 한다. • Shift 버튼 + ② 버튼을 누른 상태로 회전을 한다.

7. 인벤터 단축 아이콘 및 명령어 알아보기

인벤터 작업 시 다양한 단축키를 사용할 수 있다. 기본적인 단축키를 사용하면 작업시간을 줄일 수 있으며 '리본메뉴 – 도구 – 사용자화'에서 단축키를 변경할 수 있다. 굳이 단축키를 사용하지 않더라도 리본메뉴의 아이콘을 눌러 원하는 명령을 실행할 수 있고, 작업화면에서 마우스를 우클릭하면 기능의 목차 메뉴를 제공하며, 선택한 객체의 자주 사용하는 기능을 표시하고 선택하면 명령을 실행할 수 있다.

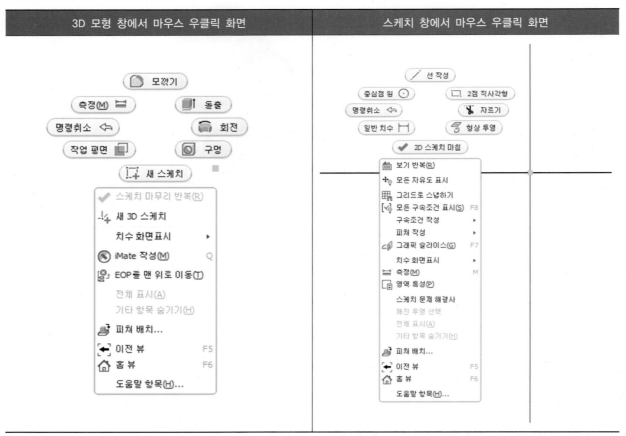

Windows 단축키					
아이콘	단축 명령어	설명	아이콘	단축 명령어	설명
	Ctrl + C	복사하기		Ctrl + S	저장
	Ctrl + V	붙여넣기		Ctrl + Z	명령 취소
	Ctrl + X	잘라내기		Ctrl + Y	명령 복구
	Ctrl + A	전체 선택		Ctrl + O	새문서 열기
	Ctrl + P	인쇄		Ctrl + N	새문서 작성

		View 단축키			
아이콘	단축 명령어	설명	아이콘	단축 명령어	설명
	F2	초점 이동		Page UP	보기
	F3	확대 또는 축소		Home	줌 전체
	F4	객체 회전		Ctrl + W	Steering
	F5	이전 뷰		Delete	선택한 객체 삭제
	Shift + F5	다음 뷰		Shift + 마우스 오른쪽 클릭	선택 도구 메뉴 활성화
	F6	등각투영 뷰		Shift + 회전도구	뷰 자동 회전
	F10	메뉴 바로 가기		Space Bar	마지막 명령 재실행

		Sketch 단축키			
아이콘	단축 명령어	설명	아이콘	단축 명령어	설명
	F7	그래픽 슬라이스	A	T	글씨 쓰기
	F8	전체 구속조건 표시		O	간격 띄우기
	F9	전체 구속조건 숨기기		D	일반치수
	L	선 또는 호 작성		X	자르기
	Ctrl + Shift + C	중심점 원		M	측정
	A	중심점 호	스케치 마무리 종료	S	스케치 마무리

		Features 단축키			
아이콘	단축 명령어	설명	아이콘	단축 명령어	설명
	S	2D 스케치		Ctrl + Shift + S	스윕
	E	돌출		F	모깍기
	R	회전		Ctrl + Shift + K	모따기
	H	구멍		Ctrl + Shift + R	직사각형 패턴
	]	작업평면		Ctrl + Shift + O	원형 패턴
	/	작업 축		Ctrl + Shift + M	대칭
	.	작업 점		Ctrl + Enter	복귀
	Ctrl + Shift + L	로프트			

8. 인벤터 기본 옵션 설정

※ 인벤터 실행 후 첫 단계에서 적용해야 하는 설정값이다. 단위의 설정값(②)을 확인하고, 주석 축척값(④)을 크게 해주면 화면상의 숫자가 크게 변경되어 시인성을 확보할 수 있다. 색상 부분(⑤)의 배경은 흰색으로 바꾸지 않겠다고 생각되면 바꾸지 않아도 된다. 화면표시의 방향반전(⑥) 체크를 표시해 주면 인벤터와 오토 캐드에서 마우스 휠 방향의 확대·축소 방향이 같아지게 된다. 체크를 하지 않으면 인벤터와 오토캐드에서 마우스 휠 방향이 다르기 때문에 어색할 수 있다. 반드시 이렇게 설정하지 않아도 문제는 없지만, 3D 모델링을 할 경우 저자와 같은 설정값으로 모델링하며 연습할 수 있으므로 다음과 같이 설정해 주도록 한다.

① 도구 → 문서 설정 클릭

② 단위 → 길이, 시간, 각도, 질량 → 그림과 같이 설정

③ 도구 → 응용프로그램 옵션 클릭

④ 일반 → 주석 축척 → 그림과 같이 설정

⑤ 색상 → 그림과 같이 설정

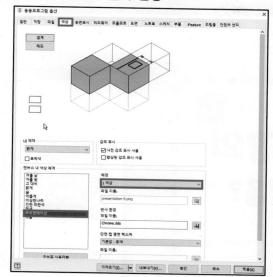

⑥ 화면표시 → 그림과 같이 설정

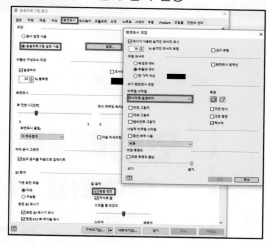

인벤터 2D 도면틀(템플릿) 환경 설정

※ 인벤터를 실행하여 2D 도면을 작성할 때 설정하여야 하는 기본 환경 설정방법을 담은 영상이다. 프로그램 실행 시 가장 먼저 해야 하는 작업으로, 이 단계를 거치지 않고 치수기입이나 표면거칠기를 작성하면 초기 설정값으로 나타나기 때문에 치수가 원하는 모양으로 기입되지 않는다. 영상을 따라 하며 반복 숙달하여 익숙해지도록 연습한다.

① 파일 → 새로 만들기 → 새로 만들기 클릭 또는 Ctrl + N

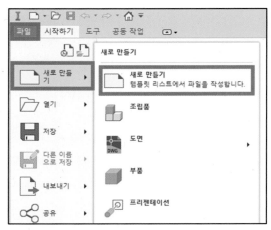

② Metric → ISO.idw → 작성

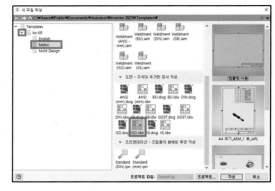

③ 관리 → 스타일 편집기 클릭

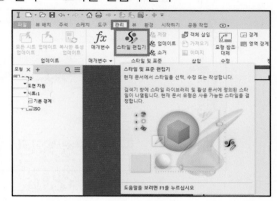

④ 표준 → 기본 표준(ISO) → 일반 → 그림과 같이 설정

⑤ 표준 → 기본 표준(ISO) → 뷰 기본 설정 → 투영 유형 → 삼각법 클릭

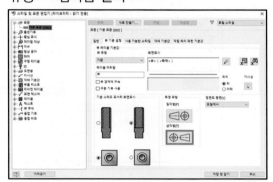

⑥ 텍스트 → 기존의 레이블 텍스트(ISO)와 주 텍스트(ISO)를 글자 크기별로 2/3.5/3의 3가지로 생성 → 그림과 같이 설정

⑦ 치수 → 기본값(ISO) → 단위 → 그림과 같이 설정

⑧ 치수 → 기본값(ISO) → 화면표시 → 그림과 같이 설정

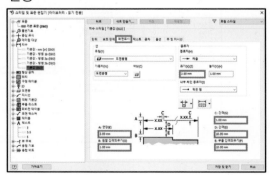

⑨ 치수 → 기본값(ISO) → 텍스트 → 그림과 같이 설정

⑩ 치수 → 기본값(ISO) → 공차 → 그림과 같이 설정

⑪ 도면층 → 3D 스케치 형상(ISO) → 새로 만들기 → 그림과 같이 설정

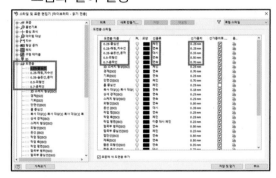

⑫ 표면 텍스처 → 표면 텍스처(ISO) → 텍스트 스타일 2로 변경 → 그림과 같이 설정

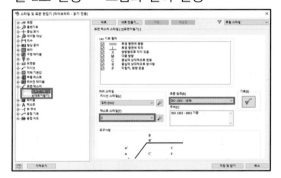

⑬ 표면 텍스처 → 표면 텍스처(ISO) → 텍스트 스타일 5로 변경 → 그림과 같이 설정

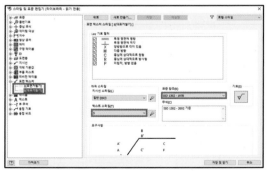

오토캐드 2D 도면틀(템플릿) 환경 설정

※ 오토캐드를 처음 사용하는 분들을 위한 오토캐드의 기초 강의와 기본 설정 템플릿 설정 강의 영상이다. 오토캐드를 처음 실행하여 시험 환경에 맞게 레이어, 문자 스타일, 치수 스타일, 오스냅 등의 기본 설정 방법에 관한 영상이다. 마찬가지로 영상을 따라 하며 반복 숙달하여 익숙해지도록 연습한다. 교재에는 수록되지 않았지만 오토캐드 연습에 관련된 강의가 많으니 기계도사 유튜브 채널의 재생목록에서 확인하여 연습해 보길 추천한다.

①  → 새로 만들기 또는 Ctrl + N →
acaiso.dwt 클릭

② 명령창 OP 입력 → 선택 → 확인란 크기 크게
설정

③ 명령창 OS 입력 → 그림과 같이 설정

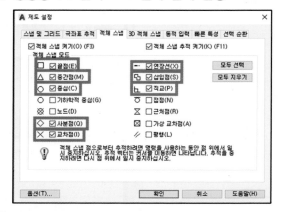

④ 명령창 LA 입력 → 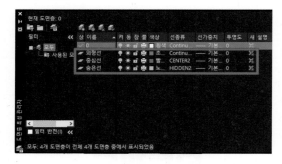 새 도면층 체크 → 그림과
같이 설정

⑤ 명령창 ST 입력 → 그림과 같이 설정 또는 굴림체
설정

⑥ 명령창 D 입력 → 수정(M) 체크 → 선 → 그림과
같이 설정

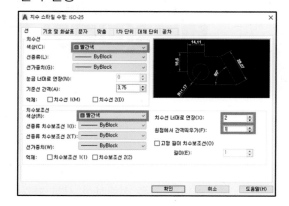

⑦ 명령창 D 입력 → 수정(M) 체크 → 기호 및 화살
표 → 그림과 같이 설정

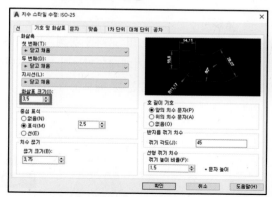

⑧ 명령창 D 입력 → 수정(M) 체크 → 문자 → 그림
과 같이 설정

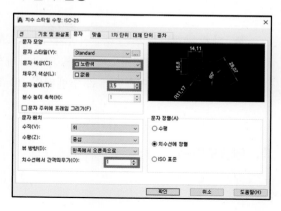

기초 연습도면 따라 하기

※ 다음 10개의 도면은 생산자동화기능사 CAD 작업형 기출문제로, 유튜브 영상 및 교재를 통해 인벤터 프로그램 사용법에 익숙해지도록 하자. 일반기계기사, 기계설계산업기사, 전산응용기계제도기능사 과제도면을 연습 하기 전 기초연습단계로 인벤터의 3D 모델링 및 2D 치수기입 연습을 충분히 해보도록 하자.

1. 연습도면-1

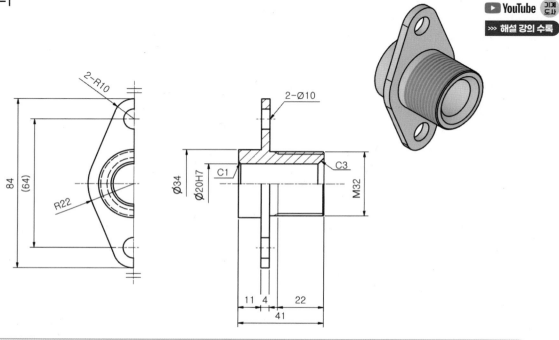

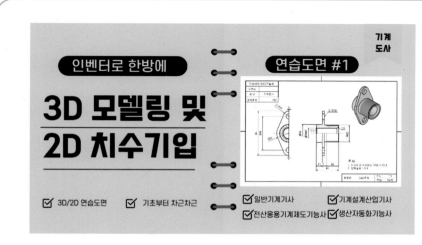

① 파일 → 새로 만들기 클릭	② Templates → ko-KR → Metric → standard(mm).ipt → 작성

③ 원점 → XY 평면 → 스케치 작성 클릭	④ 원점을 기준으로 아래와 같이 스케치한다.
	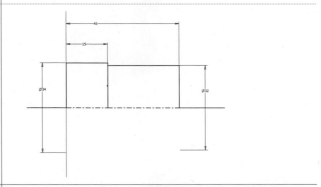

⑤ R(회전) 입력 → 프로파일, 축 선택 → 확인	⑥ 스레드 → 면 선택 → 입력형상, 스레드, 동작 선택 → 확인
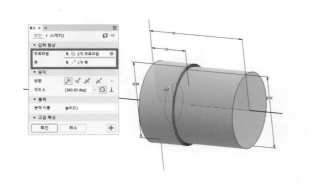	

⑦ 아래의 평면을 클릭 → 스케치 작성 클릭	⑧ 아래와 같이 스케치한다.
	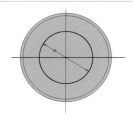
⑨ T(돌출) 입력 → 방향, 거리, 부울 선택 → 확인	⑩ 평면 → 평면에서 간격띄우기 클릭

⑪ 아래의 평면을 클릭 → '−15' 입력 클릭	⑫ 작업평면 클릭 → 스케치 작성 클릭
	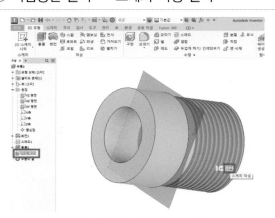
⑬ F7(단면) 입력	⑭ 절단 모서리 투영 → 클릭
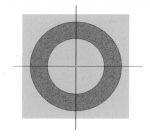	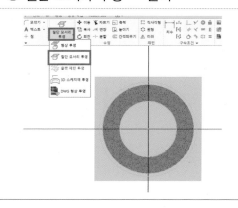

⑮ 아래와 같이 스케치한다.	⑯ T(돌출) 입력 → 방향, 거리 선택 → 확인
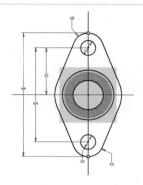	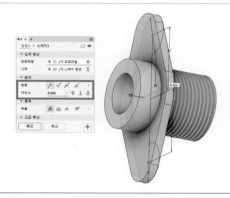
⑰ 작업평면 우클릭 → 가시성 클릭	⑱ 모따기 → 거리 → 체크 클릭
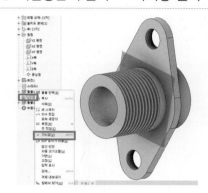	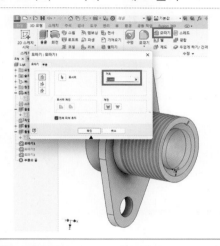
⑲ 파일 → 새로 만들기 클릭	⑳ Templates → ko-KR → Metric → ISO.idw → 작성

㉑ 관리 → 스타일 편집기 → 스타일 및 표준 편집기 설정 (동영상 참고) 	㉒ A4용지 도면틀 작성(동영상 참고) 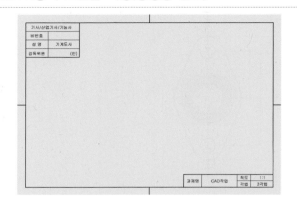
㉓ 뷰 배치 → 기준 → 돋보기 → 스타일 → 뷰큐브 → 확인 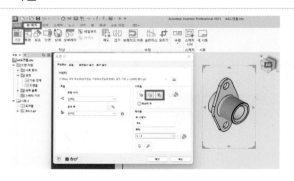	㉔ 뷰 배치 → 기준 → 돋보기 → 스타일 → 뷰큐브 → 확인 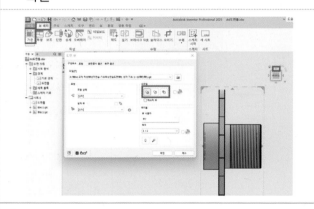
㉕ 뷰 배치 → 투영 → 뷰 선택 → 뷰위치 선택 → 우클릭 → 확인 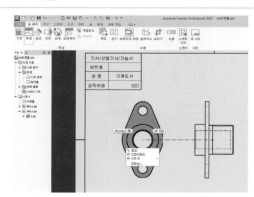	㉖ 스케치 시작 → 뷰 선택 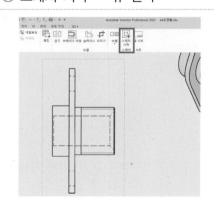

㉗ 직사각형 → 아래와 같이 스케치한다.

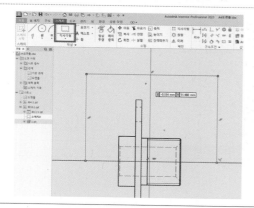

㉘ 브레이크 아웃 → 프로파일, 시작 점 → 확인

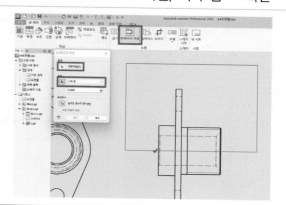

㉙ 오리기 → 뷰 선택 → 첫 번째, 두 번째 사각형 선택 → 확인

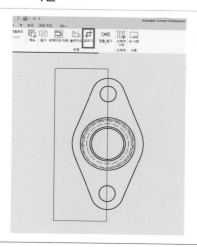

㉚ 주석 → 중심선 이등분선, 중심 표식 → 중심선 생성

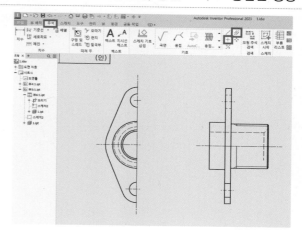

㉛ 스케치 작성 → 선 → 대칭 표현

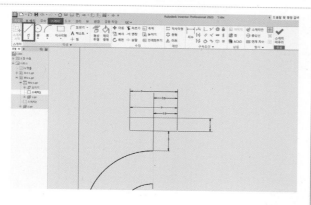

㉜ 주석 → 치수 → 아래와 같이 치수 기입

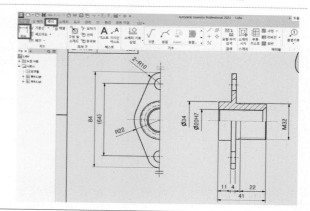

③③ 주석 → 지시선 텍스트 → 아래와 같이 치수 기입 | ③④ 주석 → 텍스트 → 주서 입력

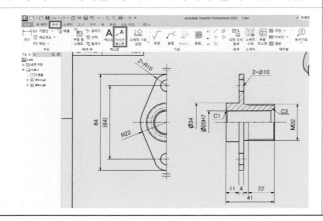

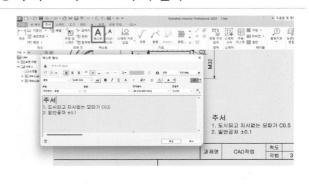

2. 연습도면-2

▶ YouTube 기계
도사
>>> 해설 강의 수록

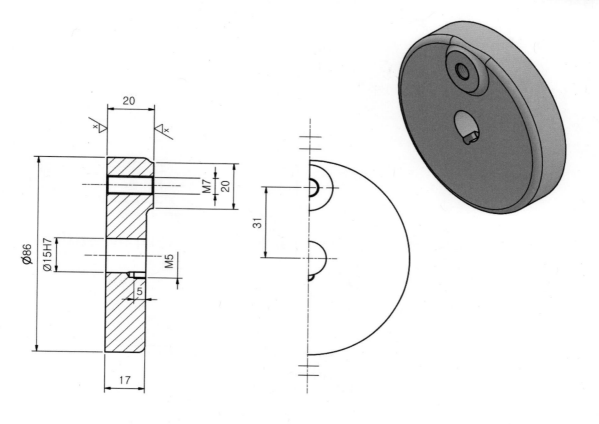

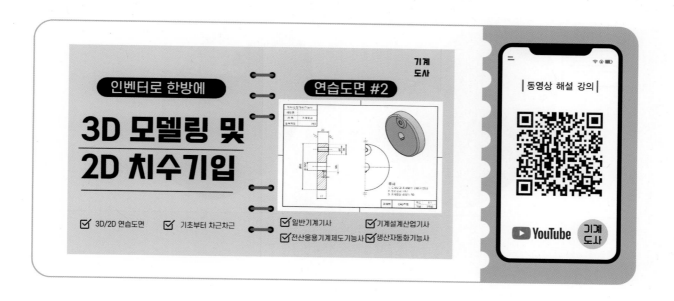

① 파일 → 새로 만들기 클릭	② Templates → ko-KR → Metric → standard(mm).ipt → 작성

③ 원점 → XY 평면 → 스케치 작성 클릭	④ 원점을 기준으로 아래와 같이 스케치한다.
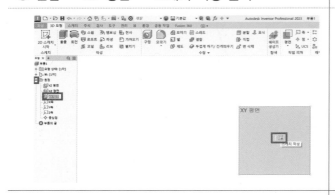	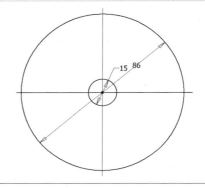
⑤ E(돌출) 입력 → 프로파일, 방향, 거리 선택 → 확인	⑥ 아래의 평면을 클릭 → 스케치 작성 클릭
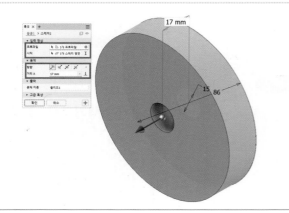	

⑦ 형상 투영 → 절단 모서리 투영 클릭	⑧ 아래와 같이 스케치한다.
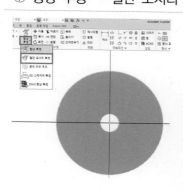	
⑨ T(돌출) 입력 → 프로파일, 방향, 거리 선택 → 확인	⑩ 아래의 평면을 클릭 → 스케치 작성 클릭
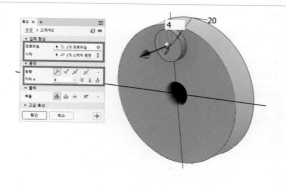	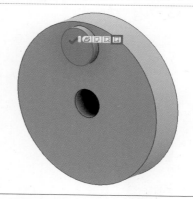
⑪ 형상 투영 → 절단 모서리 투영 클릭	⑫ 아래와 같이 스케치한다.
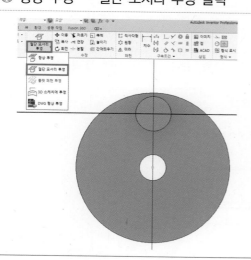	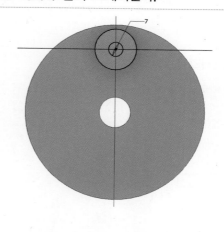

⑬ T(돌출) 입력 → 프로파일, 방향, 거리, 부울 선택 → 확인

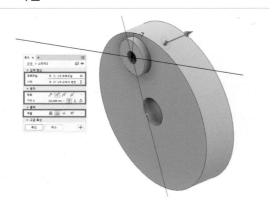

⑭ 아래의 평면을 클릭 → 스케치 작성 클릭

⑮ 점 아이콘 → 스케치 작성 클릭

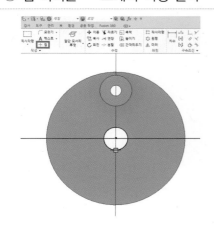

⑯ H(구멍) 입력 → 구멍, 시트, 유형, 크기, 종료, 드릴점 선택 → 확인

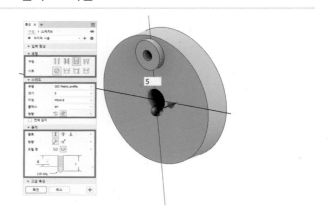

⑰ 모깎기 → 모서리 선택 → 확인

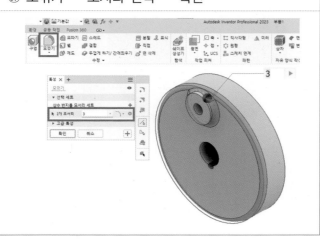

⑱ 스레드 → 유형, 크기, 깊이 선택 클릭

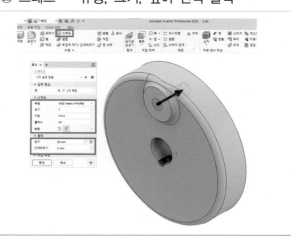

⑲ 모따기 → 거리 선택 → 확인	⑳ 파일 → 새로 만들기 클릭
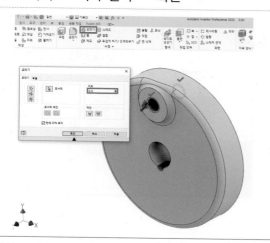	
㉑ Templates → ko-KR → Metric → ISO.idw → 작성	㉒ 관리 → 스타일 편집기 → 스타일 및 표준 편집기 설정 (동영상 참고)

㉓ A4용지 도면틀 작성(동영상 참고)	㉔ 뷰 배치 → 기준 → 돋보기 → 스타일 → 뷰큐브 → 확인
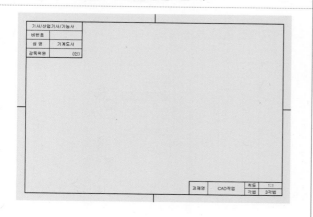	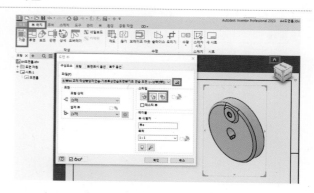

㉕ 뷰 배치 → 기준 → 돋보기 → 스타일 → 뷰큐브 → 확인

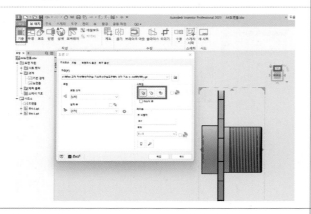

㉖ 뷰 배치 → 기준 → 돋보기 → 스타일 → 확인

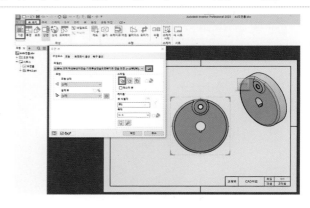

㉗ 뷰 배치 → 투영 → 뷰 선택 → 뷰위치 선택 → 우클릭 → 확인

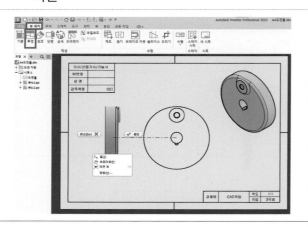

㉘ 스케치 시작 → 뷰 선택

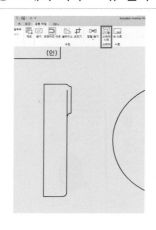

㉙ 직사각형 → 아래와 같이 스케치한다.

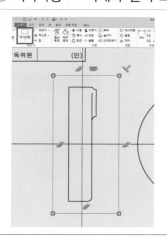

㉚ 브레이크 아웃 → 프로파일, 시작점 → 확인

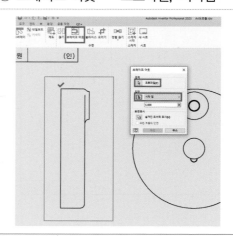

㉛ 오리기 → 뷰 선택 → 첫 번째, 두 번째 사각형 선택
　　→ 확인

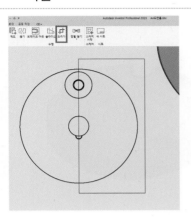

㉜ 스케치 작성 → 선 → 대칭 표현

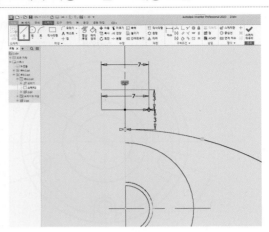

㉝ 주석 → 중심선 이등분선, 중심 표식 → 중심선 생성

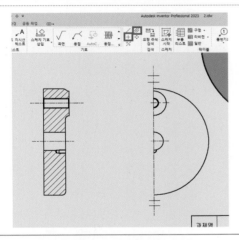

㉞ 주석 → 치수 → 아래와 같이 치수 기입

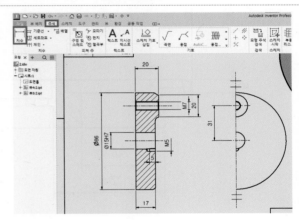

㉟ 주석 → 곡면 → 표면 유형, 요구사항 → 확인

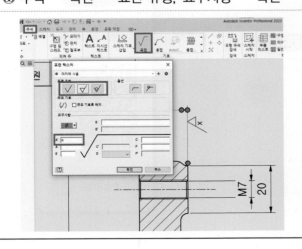

㊱ 주석 → 텍스트 → 주서 입력

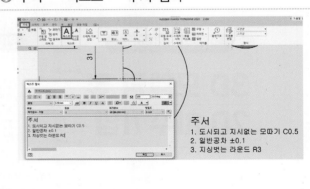

주서
1. 도시되고 지시없는 모따기 C0.5
2. 일반공차 ±0.1
3. 지시없는 라운드 R3

3. 연습도면-3

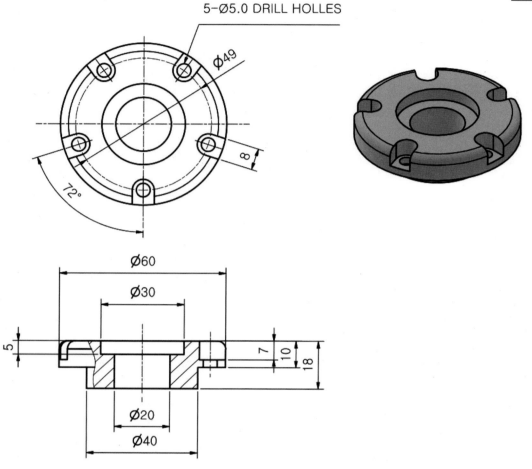

5-Ø5.0 DRILL HOLLES

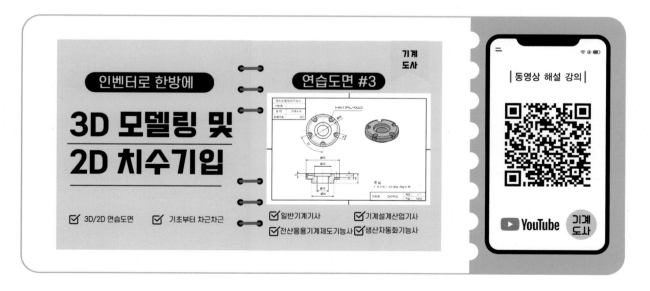

① 파일 → 새로 만들기 클릭

② Templates → ko-KR → Metric → standard(mm).ipt → 작성

③ 원점 → XY 평면 → 스케치 작성 클릭

④ 원점을 기준으로 아래와 같이 스케치 후 중심선 변경

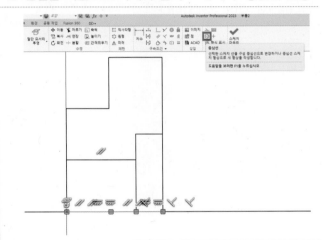

⑤ 치수 → 아래와 같이 치수를 기입한다.

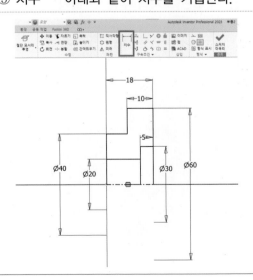

⑥ R(회전) 입력 → 프로파일, 축 선택 → 확인

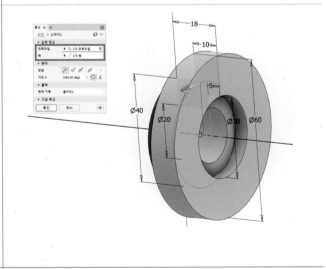

⑦ 아래의 평면을 클릭 → 스케치 작성 클릭	⑧ 형상 투영 → 절단 모서리 투영 → 클릭
	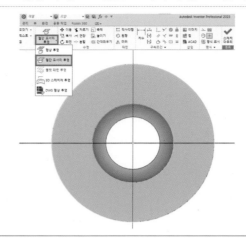
⑨ 아래와 같이 스케치한다.	⑩ E(돌출) 입력 → 프로파일, 방향, 거리, 부울 선택 → 확인
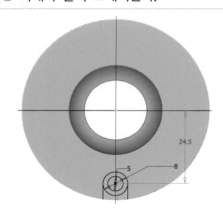	
⑪ 아래의 평면을 클릭 → 스케치 작성 클릭	⑫ 형상 투영 → 절단 모서리 투영 → 클릭
	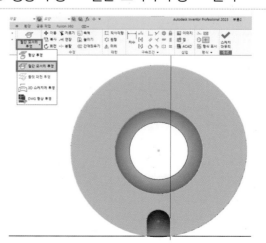

⑬ 아래와 같이 스케치한다.	⑭ E(돌출) 입력 → 프로파일, 방향, 거리, 부울 선택 → 확인
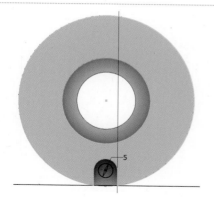	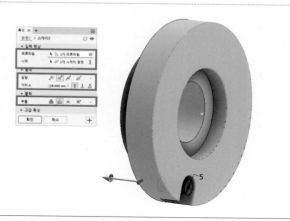
⑮ 원형 → 피처, 회전축, 배치 선택 → 확인	⑯ 모깎기 → 모서리 선택 → 확인
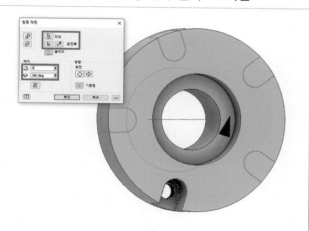	
⑰ 파일 → 새로 만들기 클릭	⑱ Templates → ko-KR → Metric → ISO.idw → 작성

⑲ 관리 → 스타일 편집기 → 스타일 및 표준 편집기 설정 (동영상 참고)	⑳ A4용지 도면틀 작성(동영상 참고)
	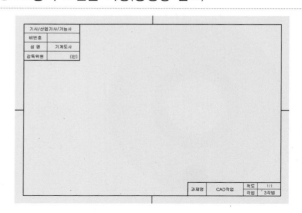
㉑ 뷰 배치 → 기준 → 돋보기 → 스타일 → 뷰큐브 우클릭 → 사용자 뷰 방향 → 확인	㉒ 원하는 뷰 선택 → 사용자 뷰 마침 → 확인
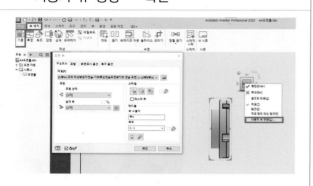	
㉓ 뷰 배치 → 기준 → 돋보기 → 스타일 → 뷰큐브 → 확인	㉔ 뷰 배치 → 투영 → 뷰 선택 → 뷰위치 선택 → 우클릭 → 확인
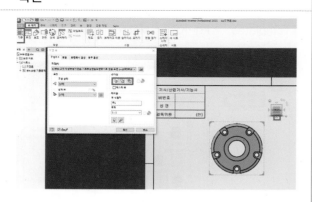	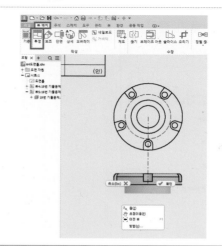

㉕ 스케치 시작 → 뷰 선택

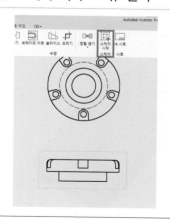

㉖ 선 → 스플라인 제어 꼭짓점 → 아래와 같이 스케치한다.

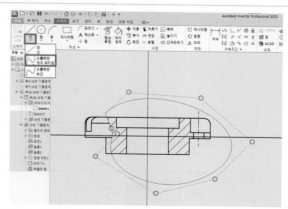

㉗ 브레이크 아웃 → 프로파일, 시작점 → 체크 → 확인

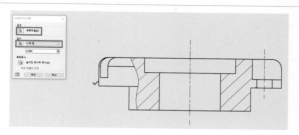

㉘ 주석 → 중심선, 중심선 이등분선, 중심 표식 → 중심
선 생성

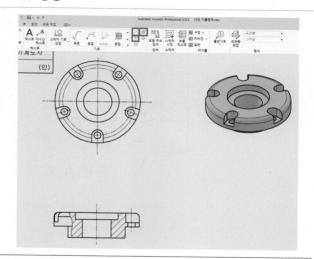

㉙ 주석 → 치수 → 아래와 같이 치수 기입

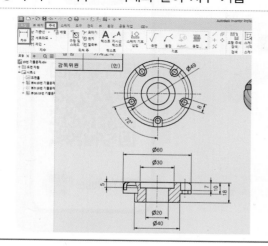

㉚ 주석 → 지시선 텍스트 → 아래와 같이 치수 기입

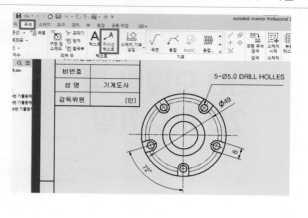

4. 연습도면-4

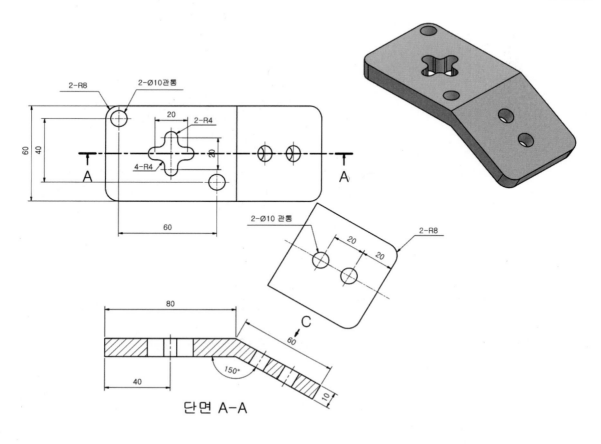

단면 A-A

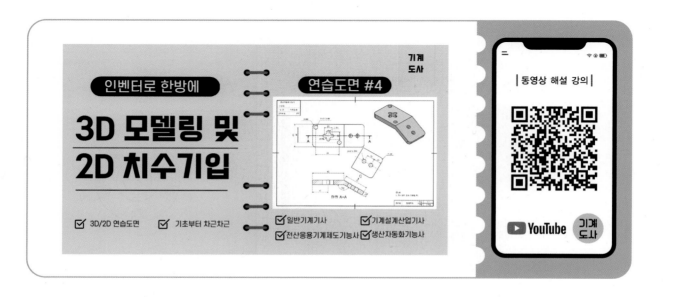

① 파일 → 새로 만들기 클릭	② Templates → ko-KR → Metric → standard(mm).ipt → 작성

③ 원점 → XY 평면 → 스케치 작성 클릭	④ 원점을 기준으로 아래와 같이 스케치한다.
	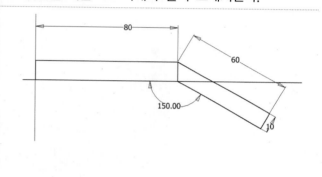

⑤ E(돌출) 입력 → 프로파일, 방향, 거리 선택 → 확인	⑥ 모깎기 → 모서리 선택 → 확인
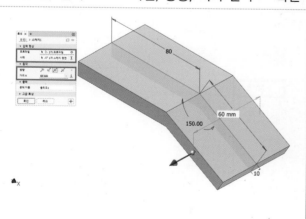	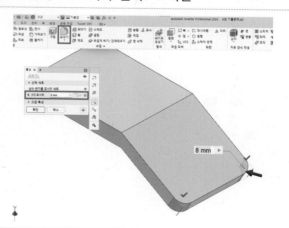

⑦ 아래의 평면을 클릭 → 스케치 작성 클릭	⑧ 아래와 같이 스케치한다.
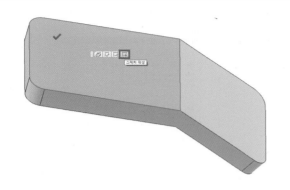	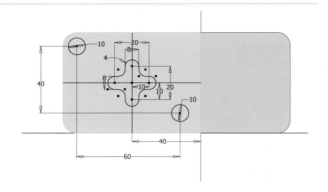

⑨ E(돌출) 입력 → 프로파일, 방향, 거리, 부울 선택 → 확인	⑩ 아래의 평면을 클릭 → 스케치 작성 클릭
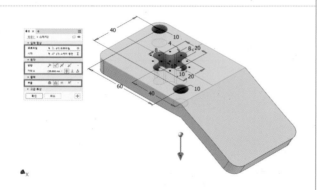	

⑪ 아래와 같이 스케치한다.	⑫ 파일 → 새로 만들기 클릭
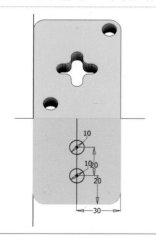	

⑬ Templates → ko-KR → Metric → ISO.idw → 작성

⑭ 관리 → 스타일 편집기 → 스타일 및 표준 편집기 설정 (동영상 참고)

⑮ A3용지 도면틀 작성(동영상 참고)

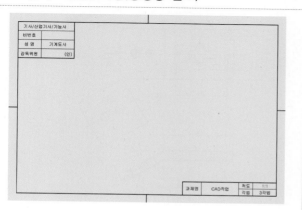

⑯ 뷰 배치 → 기준 → 돋보기 → 스타일 → 뷰큐브 → 확인

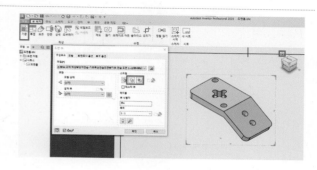

⑰ 뷰 배치 → 기준 → 돋보기 → 스타일 → 뷰큐브 → 확인

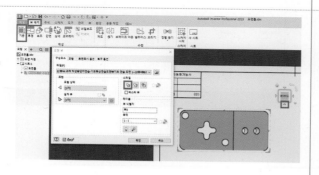

⑱ 단면 → 뷰 선택 → 양끝점 선택 → 마우스 우클릭 → 계속 → 확인

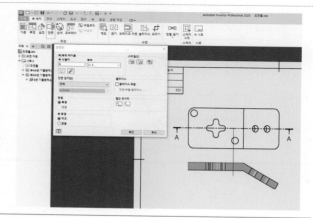

⑲ 보조 → 뷰 선택 → 모서리 선택 → 확인	⑳ 선 선택 → 마우스 우클릭 → 가시성 → 체크
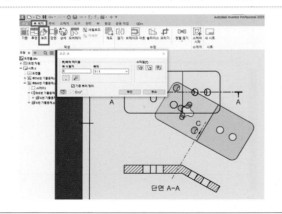	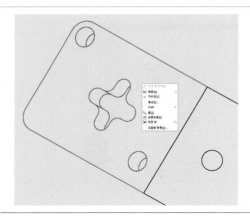
㉑ 주석 → 중심선 이등분선, 중심 표식 → 중심선 생성	㉒ 주석 → 치수 → 아래와 같이 치수 기입
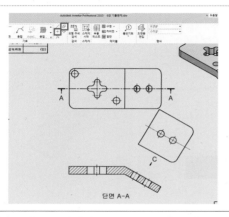	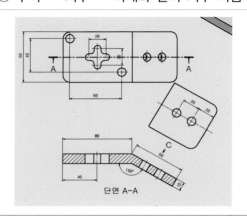
㉓ 주석 → 지시선 텍스트 → 아래와 같이 치수 기입	㉔ 주석 → 텍스트 → 주서 입력
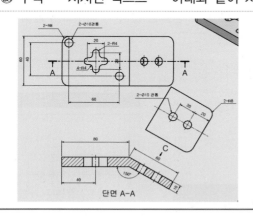	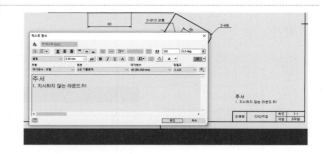

5. 연습도면-5

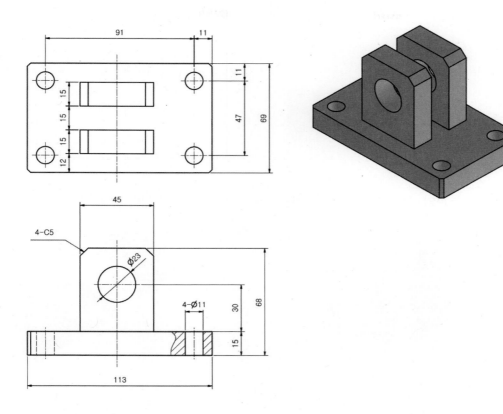

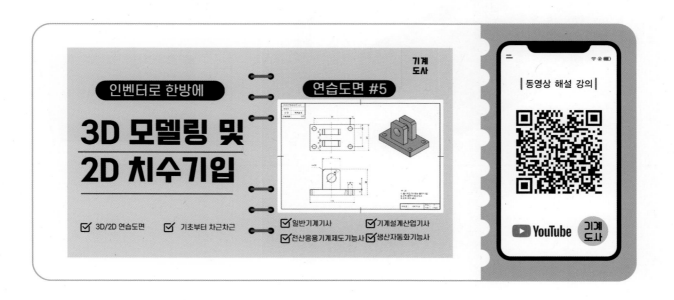

① 원점 → XY 평면 → 스케치 작성 클릭	② 원점을 기준으로 아래와 같이 스케치한다.
	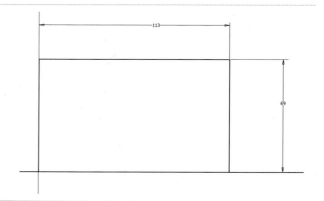
③ E(돌출) 입력 → 프로파일, 방향, 거리 선택 → 확인	④ 모따기 → 거리 입력 → 모서리 선택 → 확인
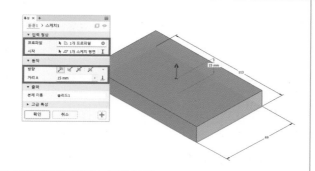	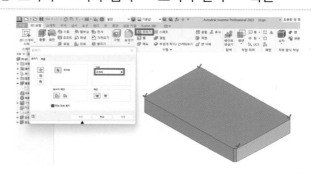
⑤ 아래의 평면을 클릭 → 스케치 작성 클릭	⑥ 점 아이콘 → 스케치 작성 클릭
	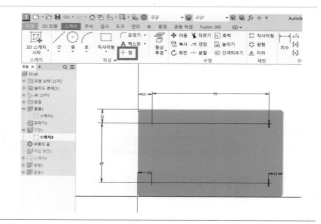

⑦ H(구멍) 입력 → 구멍, 시트, 종료, 방향 선택 → 확인	⑧ 평면 → 두 평면 사이의 중간평면 → 체크 → 확인
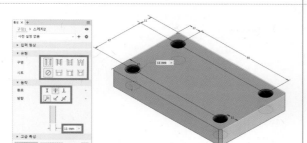	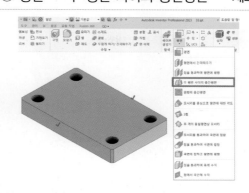
⑨ 작업평면1 선택 → 스케치 작성 클릭	⑩ F7 단면 → 형상 투영 → 절단 모서리 투영 클릭
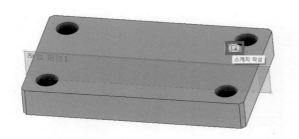	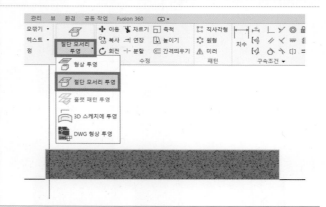
⑪ 아래와 같이 스케치한다.	⑫ E(돌출) 입력 → 프로파일, 방향, 거리, 부울 선택 → 확인
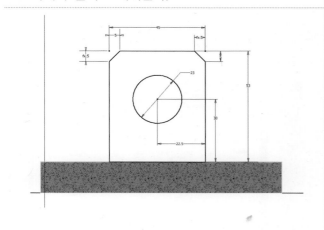	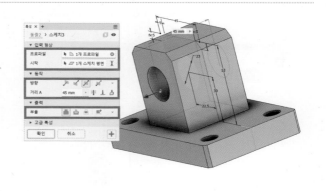

⑬ 작업평면1 선택 → 스케치 작성 클릭	⑭ F7 단면 → 형상 투영 → 절단 모서리 투영 클릭
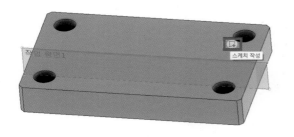	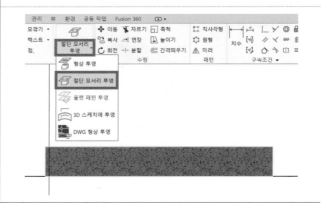
⑮ 아래와 같이 스케치한다.	⑯ E(돌출) 입력 → 프로파일, 방향, 거리, 부울 선택 → 확인
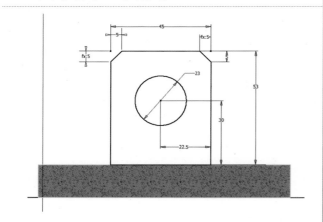	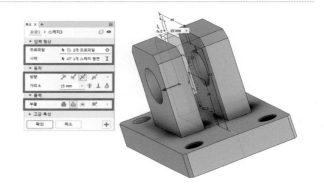
⑰ Templates → ko-KR → Metric → ISO.idw → 작성	⑱ 관리 → 스타일 편집기 → 스타일 및 표준 편집기 설정 (동영상 참고)

⑲ A3용지 도면틀 작성(동영상 참고)

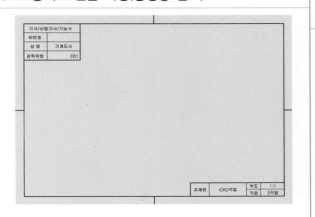

⑳ 뷰 배치 → 기준 → 돋보기 → 스타일 → 뷰큐브 → 확인

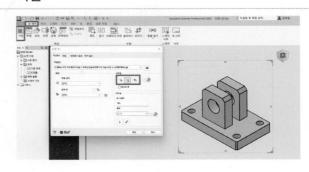

㉑ 뷰 배치 → 기준 → 돋보기 → 스타일 → 뷰큐브 → 확인

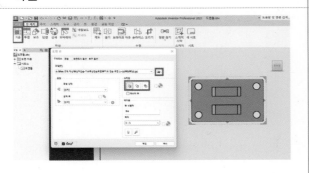

㉒ 뷰 배치 → 투영 → 뷰 선택 → 뷰위치 선택 → 우클릭 → 확인

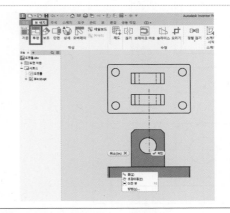

㉓ 스케치 시작 → 뷰 선택

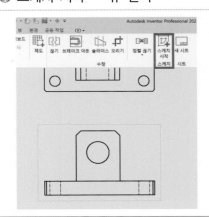

㉔ 선 → 스플라인 → 아래와 같이 스케치한다.

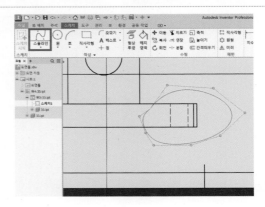

㉕ 브레이크 아웃 → 프로파일, 깊이 선택 → 확인	㉖ 주석 → 중심선 이등분선, 중심 표식 → 중심선 생성
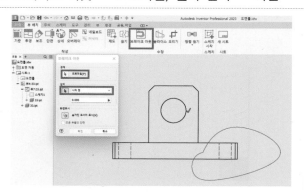	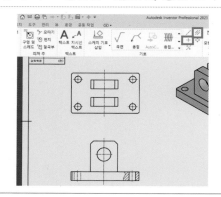

㉗ 주석 → 치수 → 아래와 같이 치수 기입

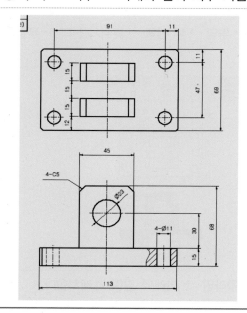

6. 연습도면-6

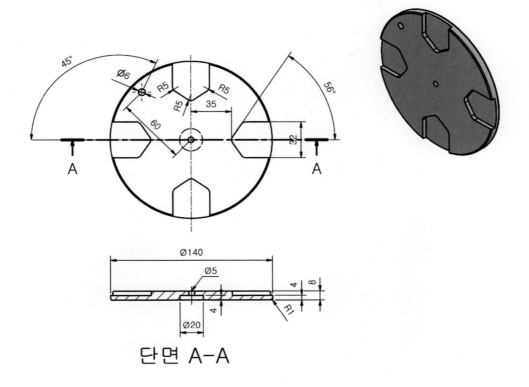

단면 A-A

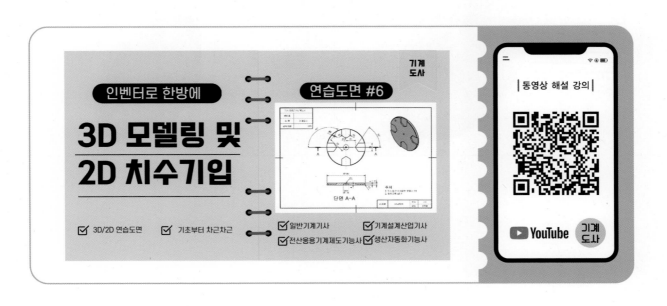

① 원점 → XY 평면 → 스케치 작성 클릭	② 원점을 기준으로 아래와 같이 스케치한다.
	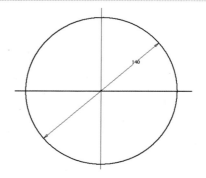
③ E(돌출) 입력 → 방향, 거리 선택 → 확인	④ 원점을 기준으로 아래와 같이 스케치한다.
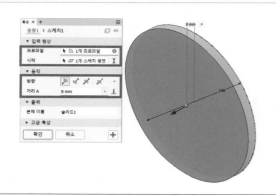	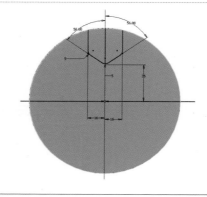
⑤ E(돌출) 입력 → 방향, 거리, 부울 선택 → 확인	⑥ 원형 배열 → 피쳐, 회전축, 배치 선택 → 확인
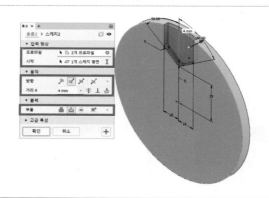	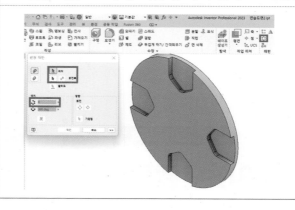

⑦ 모따기 → 거리 선택 → 확인	⑧ H(구멍) 입력 → 구멍, 시트, 종료, 방향 선택 → 확인
	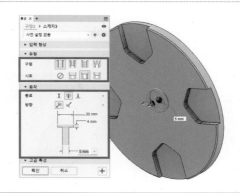
⑨ 원점을 기준으로 아래와 같이 스케치한다.	⑩ T(돌출) 입력 → 방향, 거리, 부울 선택 → 확인
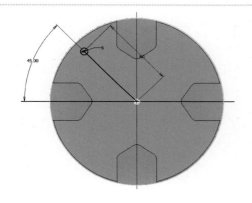	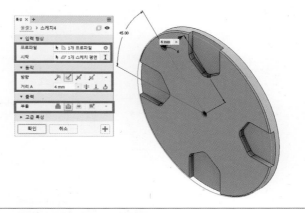
⑪ 모깎기 → 거리 → 체크 클릭	⑫ A4용지 도면틀 작성(동영상 참고)
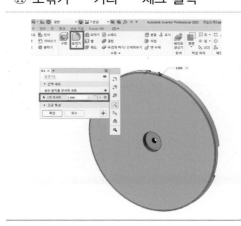	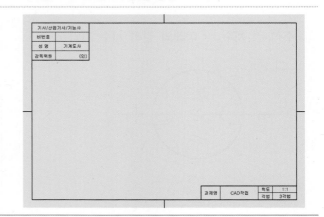

⑬ 뷰 배치 → 기준 → 돋보기 → 스타일 → 뷰큐브 → 확인	⑭ 뷰 배치 → 기준 → 돋보기 → 스타일 → 뷰큐브 → 확인
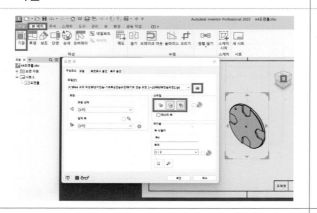	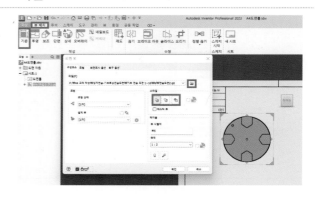

⑮ 단면 → 뷰 선택 → 양끝점 선택 → 마우스 우클릭 → 계속 → 확인	⑯ 주석 → 중심선 이등분선, 중심 표식 → 중심선 생성
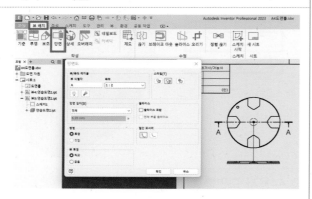	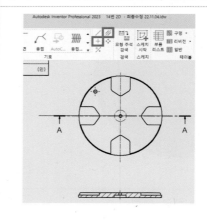

⑰ 주석 → 치수 → 아래와 같이 치수 기입	⑱ 주석 → 텍스트 → 주서 입력
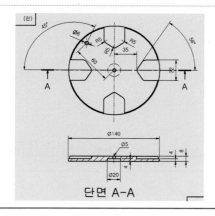	

7. 연습도면-7

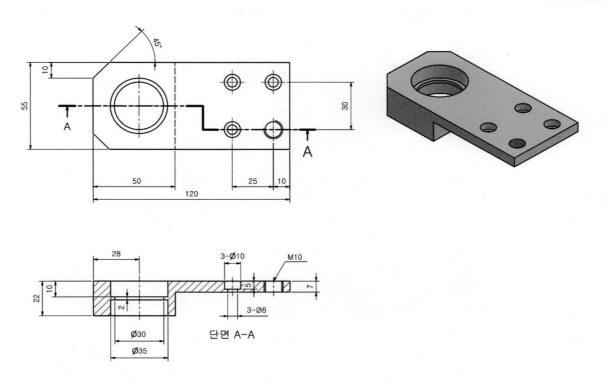

단면 A-A

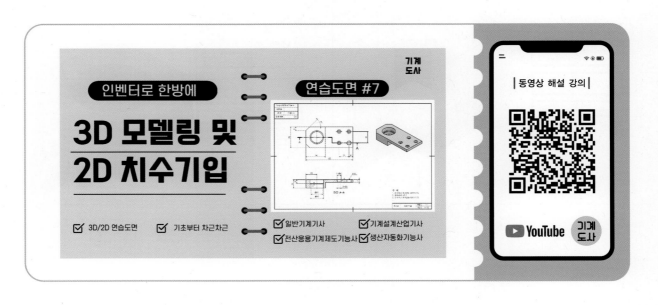

인벤터로 한방에

3D 모델링 및
2D 치수기입

- ☑ 3D/2D 연습도면
- ☑ 기초부터 차근차근
- ☑ 일반기계기사
- ☑ 기계설계산업기사
- ☑ 전산응용기계제도기능사
- ☑ 생산자동화기능사

연습도면 #7

| 동영상 해설 강의 |

▶ YouTube

① 원점 → XY 평면 → 스케치 작성 클릭	② 원점을 기준으로 아래와 같이 스케치한다.
	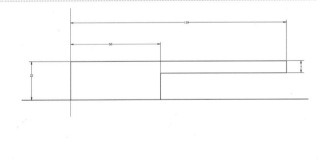
③ E(돌출) 입력 → 방향, 거리 선택 → 확인	④ 모따기 → 거리 선택 → 확인
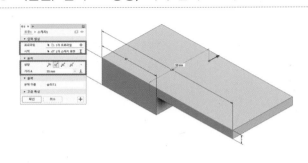	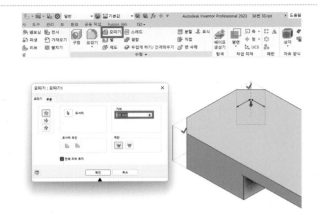
⑤ 스케치 → E(돌출) 입력 → 프로파일, 방향, 거리, 부울 선택 → 확인	⑥ 스케치 → E(돌출) 입력 → 프로파일, 방향, 거리, 부울 선택 → 확인
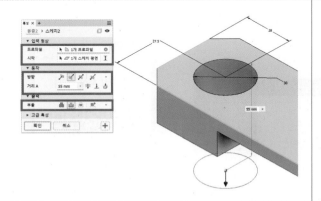	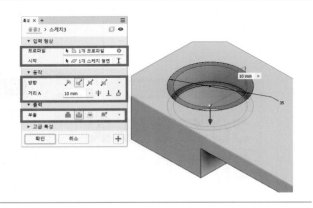

⑦ 스케치 → E(돌출) 입력 → 프로파일, 방향, 거리, 부울 선택 → 확인	⑧ 스케치 → H(구멍) 입력 → 구멍, 시트, 종료, 방향 선택 → 확인
	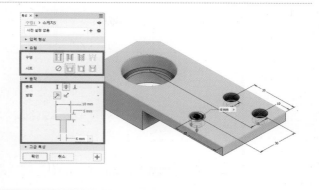

⑨ 스케치 → H(구멍) 입력 → 구멍, 시트, 종료, 방향 선택 → 확인	⑩ A4용지 도면틀 작성(동영상 참고)
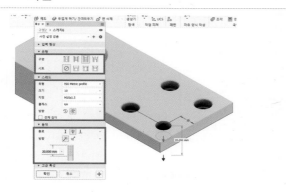	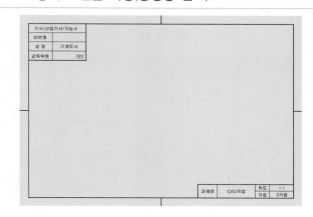

⑪ 뷰 배치 → 기준 → 돋보기 → 스타일 → 뷰큐브 → 확인	⑫ 뷰 배치 → 기준 → 돋보기 → 스타일 → 뷰큐브 → 확인

⑬ 단면 → 뷰 선택 → 계단점 선택 → 마우스 우클릭 →
계속 → 확인

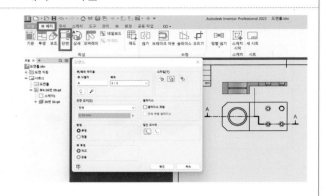

⑭ 주석 → 중심선 이등분선, 중심 표식 → 중심선 생성

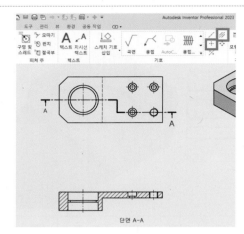

⑮ 주석 → 치수 → 아래와 같이 치수 기입

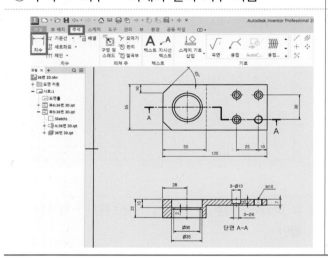

⑯ 주석 → 텍스트 → 주서 입력

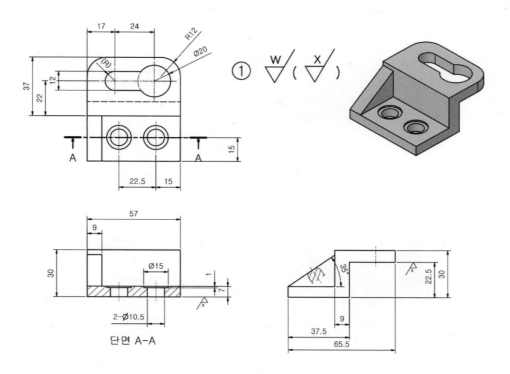

단면 A-A

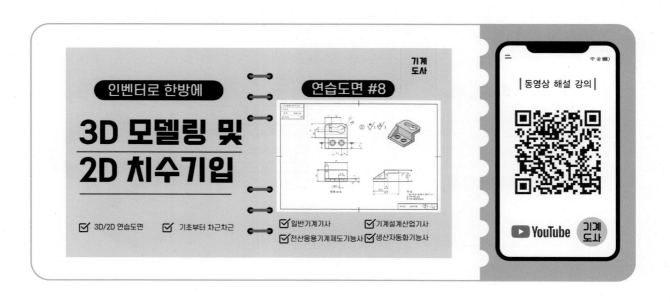

① 원점 → XY 평면 → 스케치 작성 클릭	② 원점을 기준으로 아래와 같이 스케치한다.
	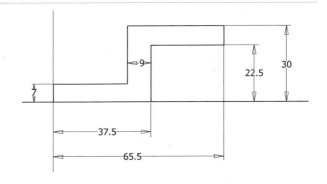
③ T(돌출) 입력 → 방향, 거리 선택 → 확인	④ 모깎기 → 거리 선택 → 확인
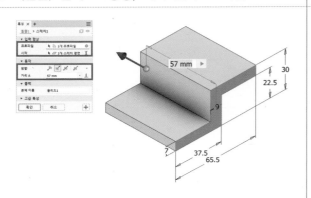	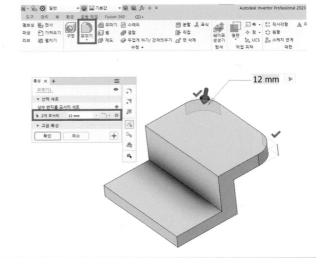
⑤ 작업평면을 스케치하여 아래와 같이 스케치한다.	⑥ 스케치 → T(돌출) 입력 → 프로파일, 방향, 거리, 부울 선택 → 확인
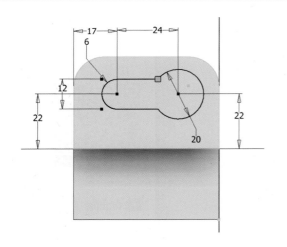	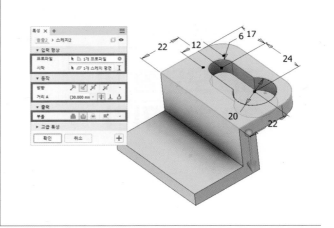

⑦ 스케치 → H(구멍) 입력 → 구멍, 시트, 종료, 방향 선택 → 확인

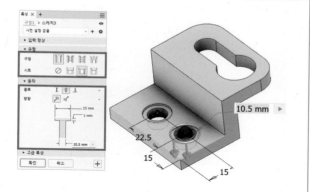

⑧ 스케치 → T(돌출) 입력 → 프로파일, 방향, 거리, 부울 선택 → 확인

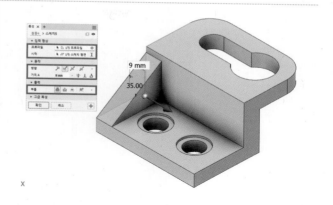

⑨ A3용지 도면틀 작성(동영상 참고)

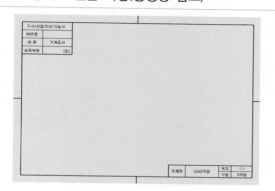

⑩ 뷰 배치 → 기준 → 돋보기 → 스타일 → 뷰큐브 → 확인

⑪ 뷰 배치 → 기준 → 돋보기 → 스타일 → 뷰큐브 → 확인

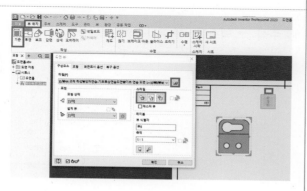

⑫ 단면 → 뷰 선택 → 계단점 선택 → 마우스 우클릭 → 계속 → 확인

⑬ 뷰 배치 → 투영 → 뷰 선택 → 뷰위치 선택 → 우클릭 → 확인

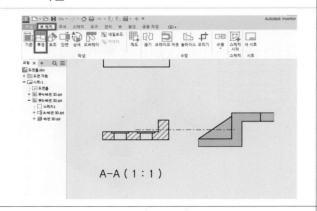

⑭ 스케치 시작 → 뷰 선택 → 선(리브) 작성 → 형상투영 → 해치영역 → 선택

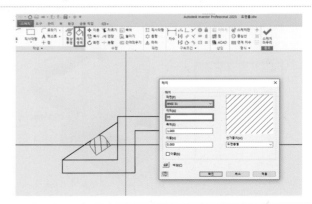

⑮ 뷰 배치 → 투영 → 뷰 선택 → 뷰위치 선택 → 우클릭 → 확인

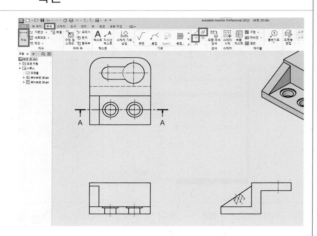

⑯ 주석 → 치수 → 아래와 같이 치수 기입

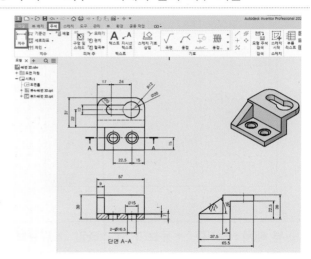

⑰ 주석 → 곡면 → 표면 거칠기 기입

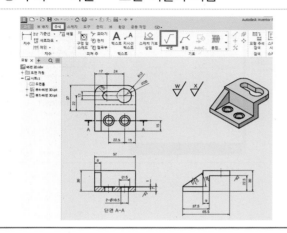

⑱ 주석 → 텍스트 → 주서 입력

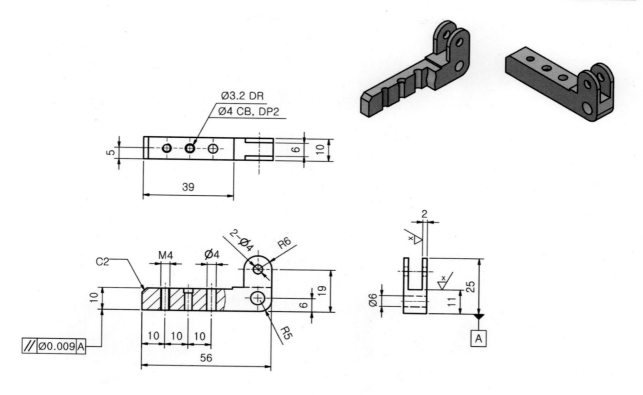

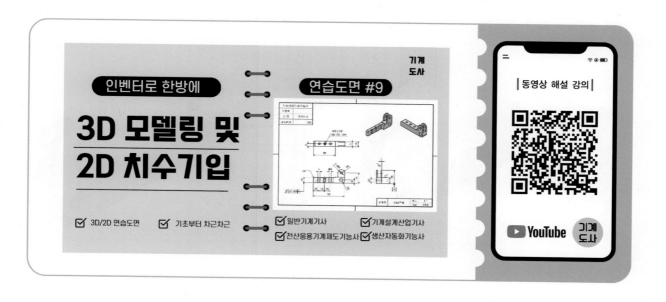

① 스케치 → E(돌출) 입력 → 방향, 거리 선택 → 확인

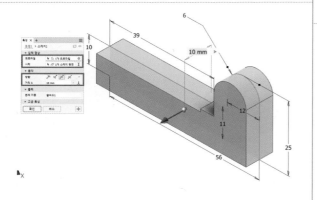

② 스케치 → E(돌출) 입력 → 프로파일, 방향, 거리, 부울 선택 → 확인

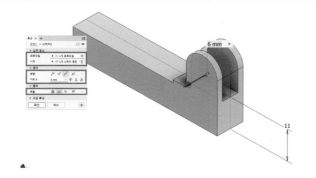

③ 스케치 → E(돌출) 입력 → 프로파일, 방향, 거리, 부울 선택 → 확인

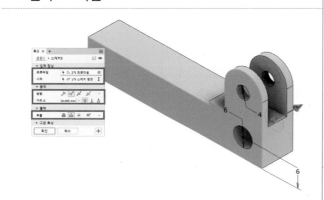

④ 모깎기 → 거리 선택 → 확인

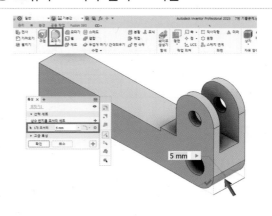

⑤ 스케치 → H(구멍) 입력 → 구멍, 시트, 크기, 종료, 방향 선택 → 확인

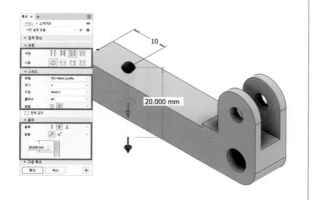

⑥ 스케치 → H(구멍) 입력 → 구멍, 시트, 유형, 종료, 방향 선택 → 확인

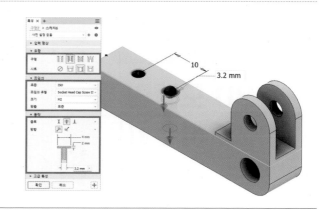

⑦ 스케치 → H(구멍) 입력 → 구멍, 시트, 종료, 방향 선택
→ 확인

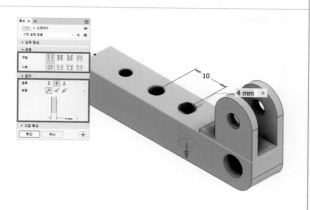

⑧ 모따기 → 거리 → 체크 → 확인

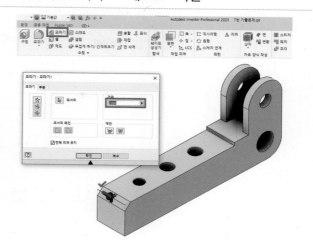

⑨ 스케치 → E(돌출) 입력 → 프로파일, 방향, 거리, 부울
선택 → 확인

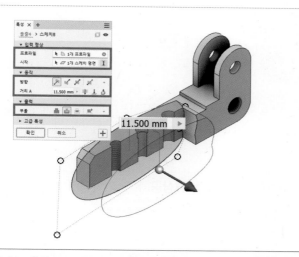

⑩ 뷰 배치 → 기준 → 돋보기 → 스타일 → 뷰큐브 →
확인

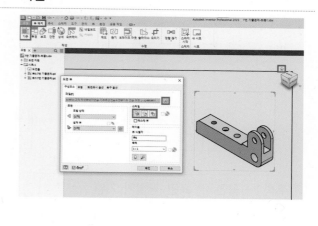

⑪ 뷰 배치 → 기준 → 돋보기 → 스타일 → 뷰큐브 →
확인

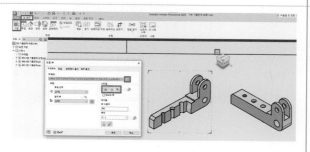

⑫ 뷰 배치 → 기준 → 돋보기 → 스타일 → 뷰큐브 →
확인

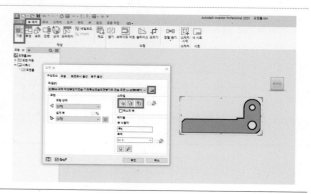

⑬ 뷰 배치 → 투영 → 뷰 선택 → 뷰위치 선택 → 우클릭 → 확인

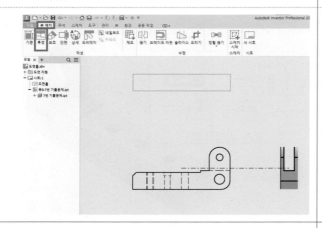

⑭ 스케치 → 브레이크 아웃 → 프로파일, 시작점 → 체크 → 확인

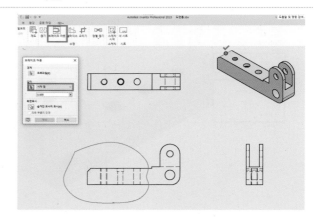

⑮ 주석 → 중심선 이등분선, 중심 표식 → 중심선 생성

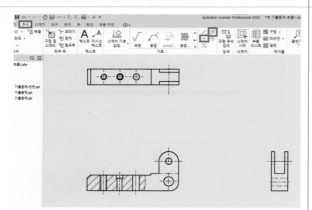

⑯ 주석 → 치수 → 아래와 같이 치수 기입

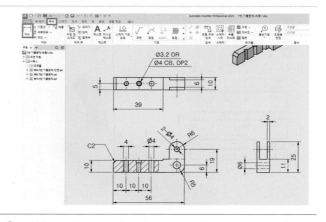

⑰ 주석 → 곡면 → 표면 거칠기 기입

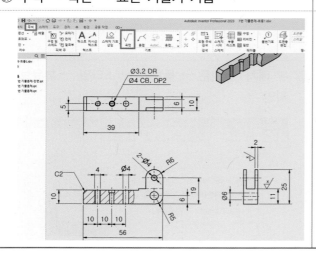

⑱ 주석 → 데이텀, 형상공차 → 기하공차 기입 → 확인

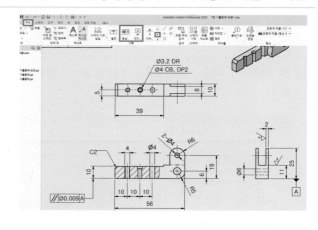

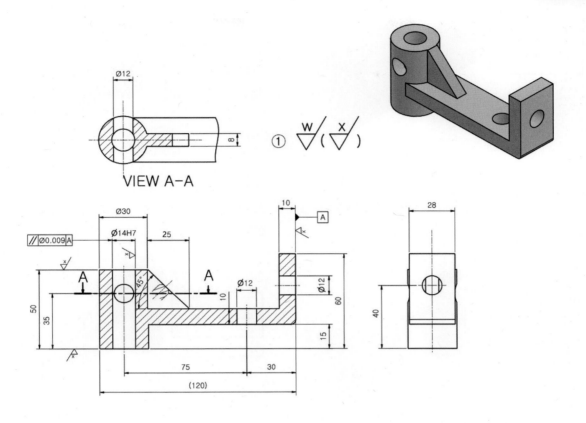

VIEW A-A

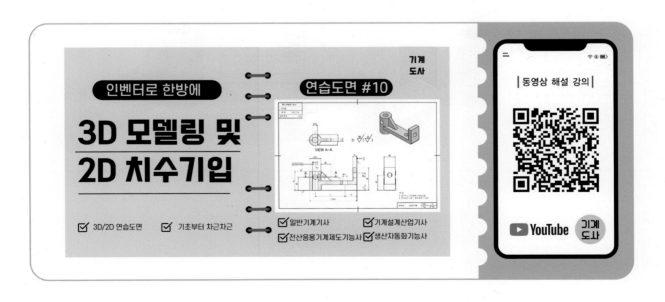

① 스케치 → E(돌출) 입력 → 방향, 거리 선택 → 확인	② 스케치 → R(회전) 입력 → 프로파일, 축 선택 → 확인
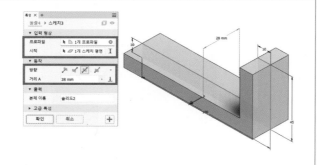	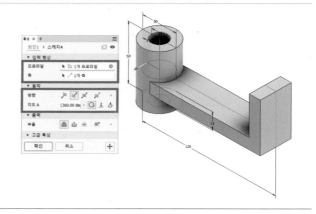
③ 스케치 → E(돌출) 입력 → 프로파일, 방향, 거리, 부울 선택 → 확인	④ 스케치 → E(돌출) 입력 → 프로파일, 방향, 거리, 부울 선택 → 확인
	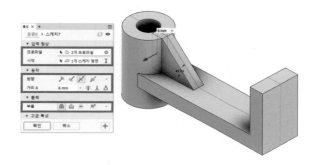
⑤ 스케치 → E(돌출) 입력 → 프로파일, 방향, 거리, 부울 선택 → 확인	⑥ 스케치 → E(돌출) 입력 → 프로파일, 방향, 거리, 부울 선택 → 확인
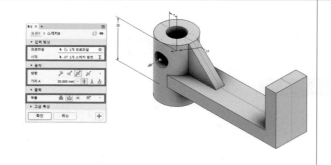	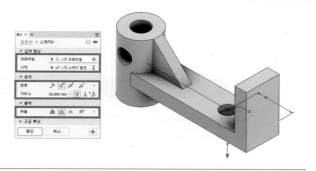

⑦ 스케치 → E(돌출) 입력 → 프로파일, 방향, 거리, 부울 선택 → 확인	⑧ 모깎기 → 모서리 선택 → 확인
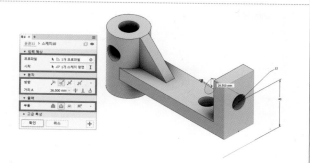	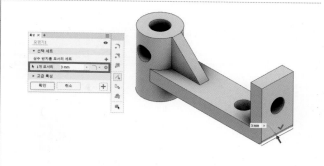
⑨ 뷰 배치 → 기준 → 돋보기 → 스타일 → 뷰큐브 → 확인	⑩ 뷰 배치 → 기준 → 돋보기 → 스타일 → 뷰큐브 → 확인
	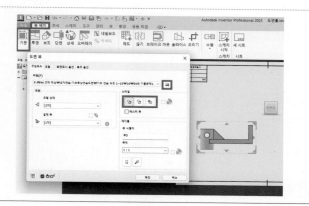
⑪ 스케치 → 브레이크 아웃 → 프로파일, 시작점 → 체크 → 확인	⑫ 스케치 시작 → 뷰 선택 → 선(리브) 작성 → 형상투영 → 해치영역 → 선택
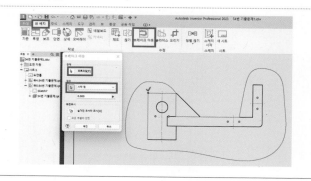	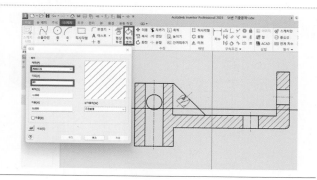

⑬ 뷰 배치 → 투영 → 뷰 선택 → 뷰위치 선택 → 우클릭 → 확인

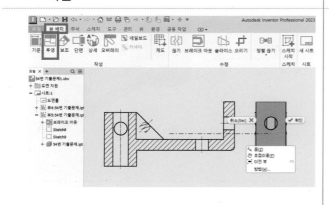

⑭ 단면 → 뷰 선택 → 계단점 선택 → 마우스 우클릭 → 계속 → 확인

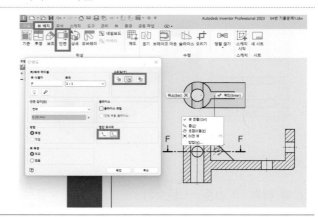

⑮ 주석 → 중심선 이등분선, 중심 표식 → 중심선 생성

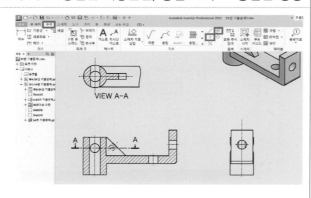

⑯ 주석 → 치수 → 아래와 같이 치수 기입

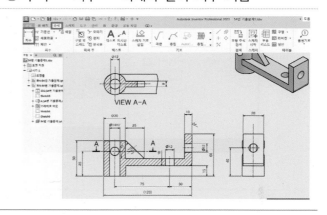

⑰ 주석 → 곡면 → 표면 유형, 요구사항 → 확인

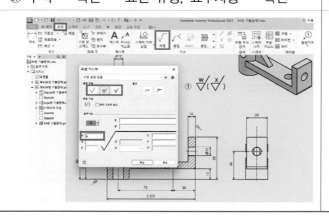

⑱ 주석 → 데이텀, 형상공차 → 기하공차 기입 → 확인

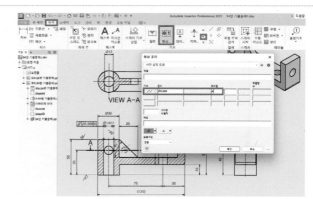

※ 도면과 동일한 현품을 분해 및 조립하여 각각의 부품이 어떻게 생겼고 어떠한 역할을 하는지 알아보자. 각 부품의 중요치수, 공차(치수공차, 끼워맞춤공차), 표면 거칠기, 기하공차 기입에 중요한 사항을 설명하고 있으니 영상을 참고하여 도면 투상 연습을 하길 바란다.

1. 동력변환장치

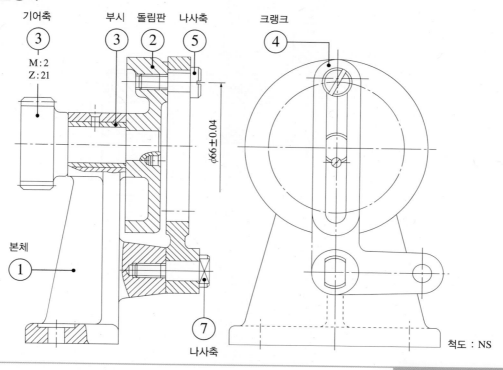

기어축 ③ M:2 Z:21 부시 ③ 돌림판 ② 나사축 ⑤ 크랭크 ④

$\phi66\pm0.04$

본체 ①

나사축 ⑦

척도 : NS

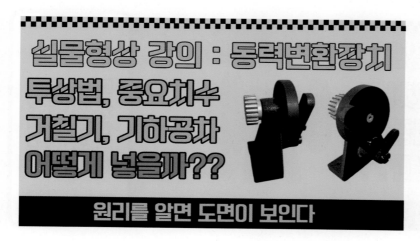

실물형상 강의 : 동력변환장치
투상법, 중요치수
거칠기, 기하공차
어떻게 넣을까??
원리를 알면 도면이 보인다

동영상 해설 강의

▶ YouTube 기계도사

2. 동력전달장치

V-벨트풀리 ③ 커버 ⑤ 축 ② 본체 ① 기어 ④ Z:38 M:2

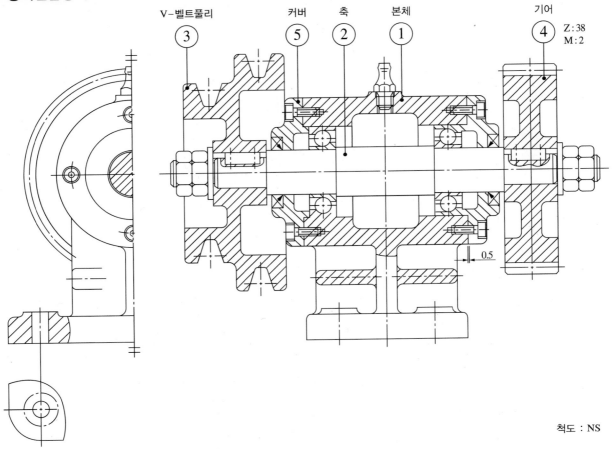

척도 : NS

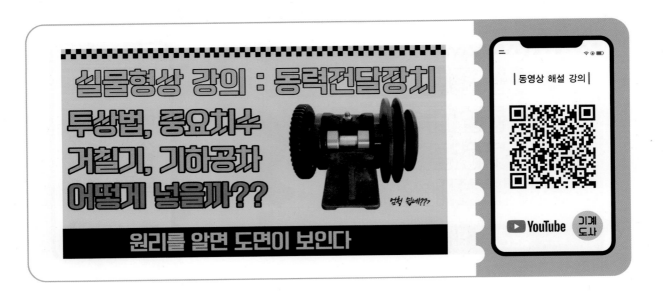

3. 기어박스

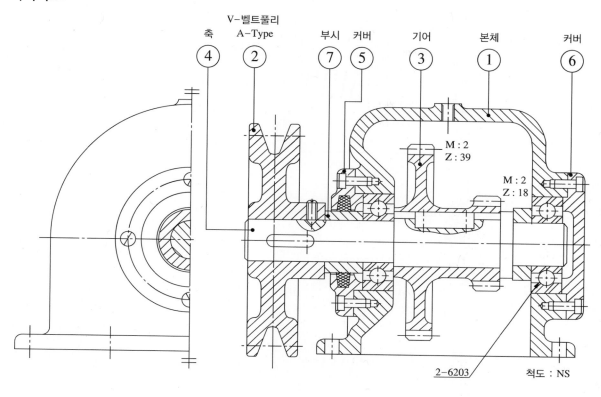

축　V-벨트풀리 A-Type　부시　커버　기어　본체　커버

④　②　⑦　⑤　③　①　⑥

M : 2
Z : 39

M : 2
Z : 18

2-6203　　척도 : NS

실물형상 강의 : 기어박스
투상법, 중요치수
거칠기, 기하공차
어떻게 넣을까??
원리를 알면 도면이 보인다

동영상 해설 강의

▶ YouTube　기계도사

4. 드릴지그

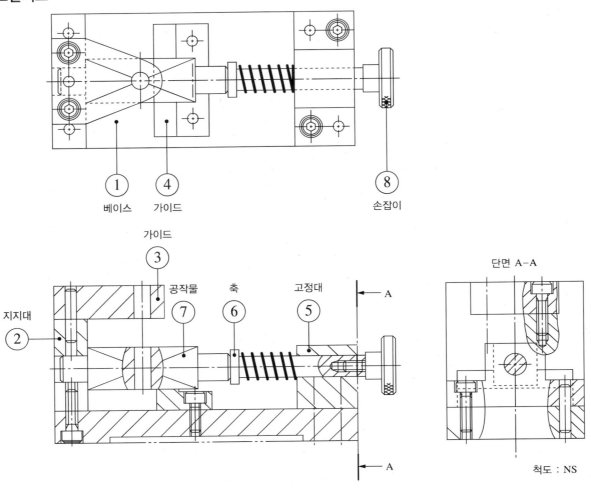

① 베이스 ④ 가이드 ⑧ 손잡이

가이드 ③
공작물 축 고정대
지지대 ② ⑦ ⑥ ⑤

A

A

단면 A-A

척도 : NS

5. 바이스

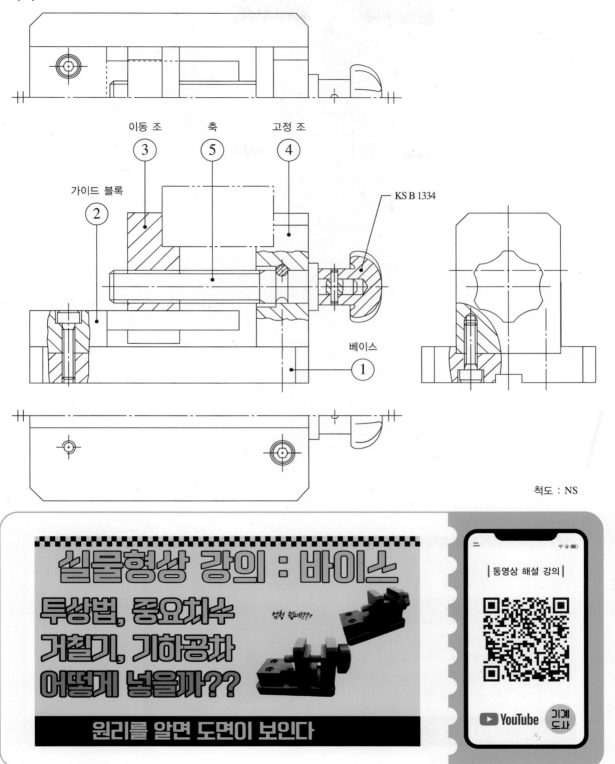

이동 조   축   고정 조

③   ⑤   ④

가이드 블록

②

KS B 1334

베이스

①

척도 : NS

실물형상 강의 : 바이스

투상법, 중요치수

거칠기, 기하공차

어떻게 넣을까??

엄청 쉽네??

원리를 알면 도면이 보인다

동영상 해설 강의

▶ YouTube   기계도사

6. 클램프

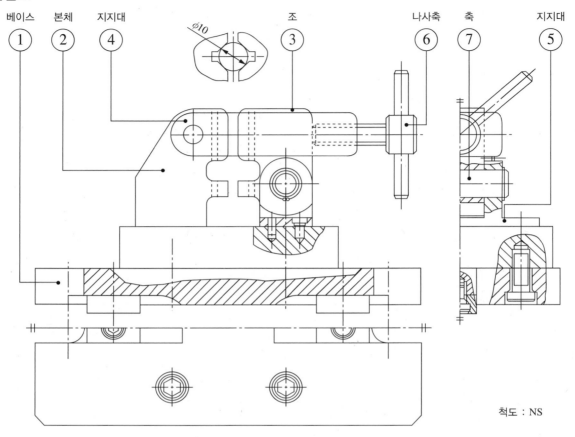

베이스 ①   본체 ②   지지대 ④   ⌀10   조 ③   나사축 ⑥   축 ⑦   지지대 ⑤

척도 : NS

실물형상 강의 : 클램프
투상법, 중요치수
거칠기, 기하공차
어떻게 넣을까??
원리를 알면 도면이 보인다

동영상 해설 강의

▶ YouTube   기계도사

7. 리밍지그

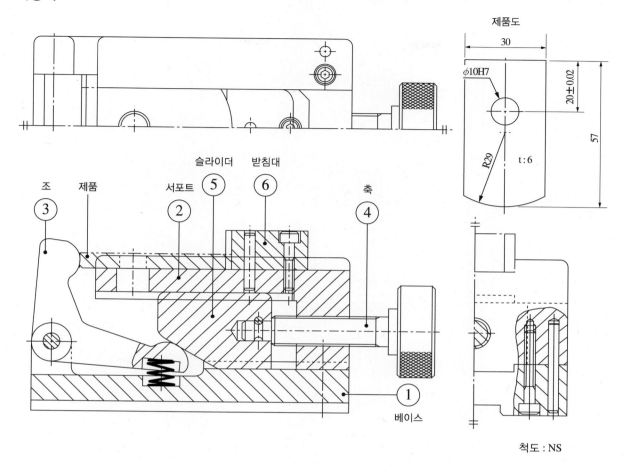

제품도

ϕ10H7

30

20±0.02

57

R29

t : 6

조 제품 서포트 슬라이더 받침대 축

③ ② ⑤ ⑥ ④

① 베이스

척도 : NS

실물형상 강의 : 리밍지그
투상법, 중요치수
거칠기, 기하공차
어떻게 넣을까??

원리를 알면 도면이 보인다

엄청 쉽네??

동영상 해설 강의

▶ YouTube 기계도사

8. 드릴지그-2

본체   조   캠   드릴부시   손잡이   고정핀   축

①   ②   ⑤   ③   ⑦   ⑥   ④

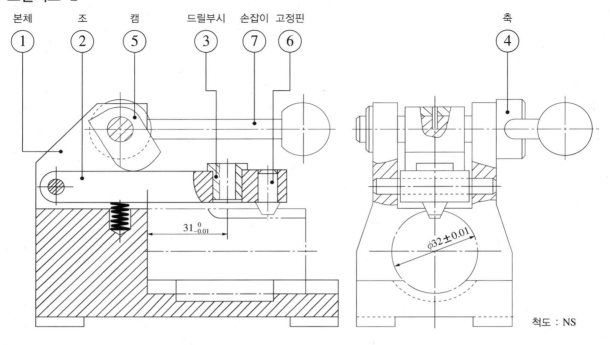

$31_{-0.01}^{0}$

$\phi 32 \pm 0.01$

척도 : NS

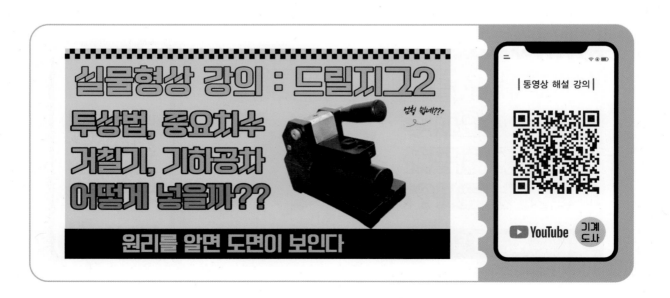

2D 도면 작성 & 도면해석(치수, 공차, 거칠기, 기하공차 기입법)

※ 도면을 투상하고 KS 규격을 적용하여 처음 2D 도면을 작성하는 경우 치수기입을 어디에 어떻게 해야 하는지 감이 오지 않을 때가 많다. 시험에서는 3D 배점보다 2D 배점이 훨씬 높다. 3D 도면은 물체의 형상만을 나타내기 때문에 실제 도면의 정보는 2D에 많이 나타나고 있다. 기계제도법에 의거하여 치수기입과 공차(치수공차, 끼워맞춤공차), 표면 거칠기, 기하공차에 대한 개념을 이해하고 동력전달장치와 치공구 도면을 예시로 하여 실제 도면에 어떻게 적용되는지 알아보자.

기사/산업기사/기능사 CAD 작업형

도면 해석

3강 공차 끼워맞춤공차 치수공차

예제도면

치수기입
어렵지 않다!
예제를 통한 실전강의

| 동영상 해설 강의 |

▶ YouTube 기계도사

기사/산업기사/기능사 CAD 작업형

도면 해석

4강 표면거칠기

예제도면

치수기입
어렵지 않다!
예제를 통한 실전강의

| 동영상 해설 강의 |

▶ YouTube 기계도사

기사/산업기사/기능사 CAD 작업형

도면 해석

5강 기하공차

예제도면

치수기입
어렵지 않다!
예제를 통한 실전강의

| 동영상 해설 강의 |

▶ YouTube 기계도사

출제기준 및 채점기준

※ Q-net 홈페이지에 공개된 실기시험의 요구사항이나 수험자 유의사항에 대해 알아보자. 이외에도 실기시험 준비에 관한 기본적인 팁이나 시험 진행과정 등에 관하여 설명하는 영상이다. 기본적으로 전산응용기계제도기능사, 기계 설계산업기사, 일반기계기사의 실기 시험 과제도면은 동일하다. 전산응용기계제도기능사의 경우 과제도면이 100 점이고, 기계설계산업기사의 경우 과제도면에 설계반경 과제가 추가된다. 일반기계기사는 필답형 50점과 작업형 50점으로 구성되어 있다.

[공개]

국가기술자격 실기시험문제

자격종목	전산응용기계제도기능사	과 제 명	도면 참조

※ 문제지는 시험종료 후 반드시 반납하시기 바랍니다.

비번호		시험일시		시험장명	

※ 시험시간 : 5시간

1. 요구사항

※ 지급된 재료 및 시설을 사용하여 아래 작업을 완성하시오.

가. 부품도(2D) 제도

    1) 주어진 문제의 조립도면에 표시된 부품번호 (○, ○, ○, ○, ○)의 부품도를 CAD 프로그램을 이용하여 A2용지에 척도는 1 : 1로 하여, 투상법은 제3각법으로 제도하시오.

    2) 각 부품들의 형상이 잘 나타나도록 투상도와 단면도 등을 빠짐없이 제도하고, 설계 목적에 맞는 기능 및 작동을 할 수 있도록 치수 및 치수공차, 끼워 맞춤 공차와 기하 공차 기호, 표면거칠기 기호, 표면처리, 열처리, 주서 등 부품 제작에 필요한 모든 사항을 기입하시오.

    3) 제도 완료 후 지급된 A3(420×297) 크기의 용지(트레이싱지)에 수험자가 직접 흑백으로 출력하여 확인하고 제출하시오.

나. 렌더링 등각 투상도(3D) 제도

    1) 주어진 문제의 조립도면에 표시된 부품번호 (○, ○, ○, ○, ○)의 부품을 파라메트릭 솔리드 모델링을 하고, 모양과 윤곽을 알아보기 쉽도록 뚜렷한 음영, 렌더링 처리를 하여 A2용지에 제도하시오.

    2) 음영과 렌더링 처리는 예시 그림과 같이 형상이 잘 나타나도록 등각 축 2개를 정해 척도는 NS로 실물의 크기를 고려하여 제도하시오(단, 형상은 단면하여 표시하지 않습니다).

    3) 부품란 "비고"에는 모델링한 부품 중 (○, ○, ○) 부품의 질량을 g단위로 소수점 첫째 자리에서 반올림하여 기입하시오.

       – 질량은 렌더링 등각 투상도(3D) 부품란의 비고에 기입하며, 반드시 재질과 상관없이 비중을 7.85로 하여 계산하시기 바랍니다.

    4) 제도 완료 후, 지급된 A3(420×297) 크기의 용지(트레이싱지)에 수험자가 직접 흑백으로 출력하여 확인하고 제출하시오.

[공개]

자격종목	전산응용기계제도기능사	과 제 명	도면 참조

다. 도면 작성 기준 및 양식

　1) 제공한 KS 데이터에 수록되지 않은 제도규격이나 데이터는 과제로 제시된 도면을 기준으로 하여 제도하거나 ISO규격과 관례에 따라 제도하시오.

　2) 문제의 조립도면에서 표시되지 않은 제도규격은 지급한 KS규격 데이터에서 선정하여 제도하시오.

　3) 문제의 조립도면에서 치수와 규격이 일치하지 않을 때는 해당규격으로 제도하시오(단, 과제도면에 치수가 명시되어 있을 때는 명시된 치수로 작성하시오).

　4) 도면 작성 양식과 3D 렌더링 등각 투상도는 아래 그림을 참고하여 나타내고, 좌측 상단 A부에 수험번호, 성명을 먼저 작성하고, 오른쪽 하단에 B부에는 표제란과 부품란을 작성한 후 제도작업을 하시오(단, A부와 B부는 부품도(2D)와 렌더링 등각 투상도(3D)에 모두 작성하시오).

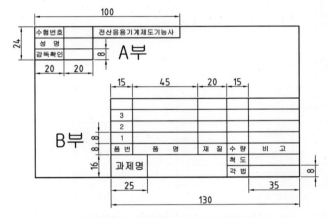

[도면 작성 양식 (부품도 및 등각 투상도)]

[3D 렌더링 등각 투상도 예시]

자격종목	전산응용기계제도기능사	과 제 명	도면 참조

5) 도면의 크기 및 한계설정(Limits), 윤곽선 및 중심마크 크기는 다음과 같이 설정하고, a와 b의 도면의 한계선(도면의 가장자리 선)이 출력되지 않도록 하시오.

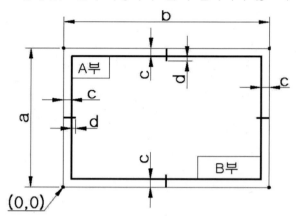

구분		도면의 한계		중심마크	
도면 크기	기호	a	b	c	d
A2(부품도)		420	594	10	5

[도면의 크기 및 한계설정, 윤곽선 및 중심마크]

6) 선 굵기에 따른 색상은 다음과 같이 설정하시오.

선 굵기	색상	용도
0.70mm	하늘색(Cyan)	윤곽선, 중심마크
0.50mm	초록색(Green)	외형선, 개별 주서 등
0.35mm	노란색(Yellow)	숨은선, 치수문자, 일반 주서 등
0.25mm	빨강(Red), 흰색(White)	치수선, 치수보조선, 중심선, 해칭선 등

※ 위 표는 Autocad 프로그램상에서 출력을 용이하게 하기 위한 설정이므로 다른 프로그램을 사용할 경우 위 항목에 맞도록 문자, 숫자, 기호의 크기, 선 굵기를 지정하시기 바랍니다.

7) 문자, 숫자, 기호의 높이는 7.0mm, 5.0mm, 3.5mm, 2.5mm 중 적절한 것을 사용하시오.

8) 아라비아숫자, 로마자는 컴퓨터에 탑재된 ISO표준을 사용하고, 한글은 굴림 또는 굴림체를 사용하시오.

[공개]

자격종목	전산응용기계제도기능사	과 제 명	도면 참조

2. 수험자 유의사항

※ 다음 유의사항을 고려하여 요구사항을 완성하시오.

1) 시작 전 감독위원이 지정한 곳에 본인 비번호로 폴더를 생성한 후 이 폴더에서 비번호를 파일명으로 작업내용을 저장하고, 작업이 끝나면 비번호 폴더 전체를 감독위원에게 제출하시오(파일 제출 후에는 도면(파일) 수정 불가). 그리고 시험 종료 후 PC의 작업내용은 삭제합니다.

2) 수험자에게 주어진 문제는 비번호, 시험일시, 시험장명을 기재하여 반드시 제출합니다.

3) 마련한 양식의 A부 내용을 기입하고 감독위원의 확인 서명을 받아야 하며, B부는 수험자가 작성합니다.

4) 정전 또는 기계 고장으로 인한 자료손실을 방지하기 위하여 수시로 저장합니다.
   - 이러한 문제 발생 시 "작업정지시간 + 5분"의 추가시간을 부여합니다.

5) 수험자는 제공된 장비의 안전한 사용과 작업 과정에서 안전수칙을 준수합니다.

6) 연속적인 컴퓨터 작업 시에는 신체에 무리가 가지 않도록 적절한 몸 풀기(스트레칭) 동작을 취하여야 합니다.

7) 도면에는 문제와 관련 없는 불필요한 낙서나 특이한 기록사항 등을 기재하여서는 안 되며, 인적사항 기재란 외의 부분에 도면과 관련 없는 특수한 표시를 하거나 특정인임을 암시하는 경우 전체를 0점 처리합니다.

8) 다음 사항에 대해서는 채점 대상에서 제외하니 특히 유의하시기 바랍니다.

   가) 기권

   (1) 수험자 본인이 수험 도중 기권 의사를 표시한 경우

   나) 실격

   (1) 시험 시작 전 Program 설정을 조정하거나 미리 작성된 Part Program(도면, 단축키 셋업 등) 또는 LISP 등과 같은 Block(도면양식, 표제란, 부품란, 요목표, 주서 및 표면거칠기 등)을 사용한 경우

   (2) 채점 시 도면 내용이 다른 수험자와 일부 또는 전부가 동일한 경우

   (3) 파일로 제공한 KS 데이터에 의하지 않고 지참한 노트나 서적을 열람한 경우

   (4) 수험자의 장비 조작 미숙으로 파손 및 고장을 일으킨 경우

[공개]

자격종목	전산응용기계제도기능사	과 제 명	도면 참조

다) 미완성

    (1) 시험시간 내에 부품도(1장), 렌더링 등각투상도(1장)를 하나라도 제출하지 아니한 경우

    (2) 수험자의 직접 출력시간이 10분을 초과한 경우(다만, 출력시간은 시험시간에서 제외하며, 출력된 도면의 크기 또는 색상 등이 채점하기 어렵다고 판단될 경우에는 감독위원의 판단에 의해 1회에 한하여 재출력이 허용됩니다)

        – 단, 재출력 시 출력 설정만 변경해야 하며 도면 내용을 수정하거나 할 수는 없습니다.

    (3) 요구한 부품도, 렌더링 등각 투상도 중에서 1개라도 투상도가 제도되지 않은 경우(지시한 부품번호에 대하여 모두 작성해야 하며 하나라도 누락되면 미완성 처리)

라) 오작

    (1) 요구한 도면 크기에 제도되지 않아 제시한 출력용지와 크기가 맞지 않는 작품

    (2) 투상법이나 척도가 요구사항과 전혀 맞지 않은 도면

    (3) 전반적으로 KS 제도규격에 의해 제도되지 않았다고 판단된 도면

    (4) 지급된 용지(트레이싱지)에 출력되지 않은 도면

    (5) 끼워맞춤 공차 기호를 부품도에 기입하지 않았거나 아무 위치에 지시하여 제도한 도면

    (6) 끼워맞춤 공차의 구멍 기호(대문자)와 축 기호(소문자)를 구분하지 않고 지시한 도면

    (7) 기하공차 기호를 부품도에 기입하지 않았거나 아무 위치에 지시하여 제도한 도면

    (8) 표면거칠기 기호를 부품도에 기입하지 않았거나 아무 위치에 지시하여 제도한 도면

    (9) 조립 상태(조립도 혹은 분해조립도)로 제도하여 기본지식이 없다고 판단되는 도면

※ 출력은 수험자 판단에 따라 CAD 프로그램상에서 출력하거나 PDF 파일 또는 출력 가능한 호환성 있는 파일로 변환하여 출력하여도 무방합니다.

    – 이 경우 폰트 깨짐 등의 현상이 발생될 수 있으니 이점 유의하여 CAD 사용 환경을 적절히 설정하여 주시기 바랍니다.

[공개]

3. 지급재료 목록

자격종목			전산응용기계제도기능사		
일련번호	재료명	규격	단위	수량	비고
1	프린터 용지	트레이싱지 A3(297×420)	장	2	1인당

※ 국가기술자격 실기시험 지급재료는 시험 종료 후(기권, 결시자 포함) 수험자에게 지급하지 않습니다.

자격종목	전산응용기계제도기능사	과 제 명	○○○○○○	척도	1:1

4. 도면

도면 생략

※ 동력전달장치, 치공구장치, 그 외 기계조립도면이 문제로 제시되며, 이 부분은 공개 시 변별력 저하가 우려되기 때문에 공개될 수 없음을 알려드립니다.

※ 아래의 채점표는 전산응용기계제도기능사의 채점 기준표 예시이다. 실제 3D 모델링 점수보다 2D 도면의 배점이 더 높은 것을 확인할 수 있다. 3D에서는 감점시킬만한 요인들이 적은 반면 2D의 치수 기입, 치수공차, 끼워맞춤, 기하공차, 표면거칠기 등의 배점이 높다. 이 점을 유의하여 2D 도면 작성에 시간을 많이 분배하길 바란다. 일반기계기사 실기는 작업형(CAD) 50점과 필답형 50점의 점수 분배이므로 기능사 배점의 1/2로 점수를 계산하고, 기계설계산업기사는 설계변경 점수가 추가된다.

항목 번호	주요 항목	채점 세부내용	항목별 채점 방법	배점	종합
	전산응용기계제도기능사 작업형 실기시험 2D 채점 기준표 예시				
1	투상법 선택과 배열	올바른 투상도 수의 선택	전체 투상도 수에서 1개당 3점 감점	15	27
		단면도 수의 선택	단면 불량 또는 누락 1개소당 2점 감점	7	
		합리적 도시 및 투상선 누락	상관선 및 투상선 누락과 불량 1개소당 1점 감점	5	
2	치수 기입	중요 치수	"2개소"당 누락 및 틀린 경우 1점 감점	5	12
		일반 치수	"2개소"당 누락 및 틀린 경우 1점 감점	4	
		치수 누락	"2개소"당 누락 1점 감점	3	
3	치수공차 및 끼워맞춤 기호	올바른 치수공차 기입	"2개소"당 누락 및 틀린 경우 1점 감점	3	8
		끼워맞춤공차 기호	"2개소"당 누락 및 틀린 경우 1점 감점	3	
		치수공차, 끼워맞춤공차 누락	"2개소"당 누락 1점 감점	2	
4	기하공차 기호	올바른 데이텀 설정	"1개소"당 누락 및 틀린 경우 1점 감점	3	8
		기하공차 기호의 적절성	"2개소"당 누락 및 틀린 경우 1점 감점	3	
		기하공차 기호 누락	"2개소"당 누락 1점 감점	2	
5	표면 거칠기 기호	기하공차부 표면 거칠기 기호	"2개소"당 누락 및 틀린 경우 1점 감점	3	8
		중요부 표면 거칠기 기호	"2개소"당 누락 및 틀린 경우 1점 감점	3	
		표면 거칠기 기호 기입과 누락	"3개소"당 누락 1점 감점	2	
6	재료 선택 및 부품란	올바른 재료 선택	재료 선택 불량 1개소당 1점 감점	4	7
		열처리 및 표면 처리 적절성	상 : 3점, 중 : 2점, 하 : 1점	3	
7	주서 및 부품란	상세도의 올바른 척도 지시	척도 누락 및 불량 1개소당 1점 감점	2	7
		맞는 수량 기입	누락 및 틀린 경우 1개소당 1점 감점	2	
		올바른 주서 기입	상 : 3점, 중 : 2점, 하 : 1점	3	
8	도면의 외관	도형의 균형 있는 배치	상 : 3점, 중 : 2점, 하 : 1점	3	8
		선의 용도에 맞는 굵기 선택	상 : 3점, 중 : 2점, 하 : 1점	3	
		용도에 맞는 문자 크기 선택	상 : 2점, 하 : 1점	2	
			합계		85

※ 상 : 모두 맞은 경우, 중 : 틀린 것이 2개 이내인 경우, 하 : 틀린 것이 4개 이내인 경우

전산응용기계제도기능사 작업형 실기시험 3D 채점 기준표 예시				
항목 번호	주요 항목	채점 세부내용	배점	종합
1	형상 투상	(ⓐ)번 부품은 올바르게 투상하였는가?	1	3
		(ⓑ)번 부품은 올바르게 투상하였는가?	1	
		(ⓒ)번 부품은 올바르게 투상하였는가?	1	
2	형상 질량	(ⓐ)부품의 질량이 정확한가?	1	3
		(ⓑ)부품의 질량이 정확한가?	1	
		(ⓒ)부품의 질량이 정확한가?	1	
3	형상 편집	모따기 형상은 올바르게 투상하였는가?	1	2
		라운드 형상은 올바르게 투상하였는가?	1	
4	3차원 배치	각 부품의 특성을 잘 나타냈는가?	2	3
		각 부품 번호의 올바른 작성	1	
5	표제란 부품란	부품 수량의 올바른 기입	1	4
		부품 재질의 올바른 작성	1	
	도면 외관	선의 용도에 맞는 굵기 출력	1	
		요구 사항에 맞는 출력	1	
합계				15

교육은 우리 자신의 무지를 점차 발견해 가는 과정이다.

– 윌 듀란트 –

Win-Q 전산응용기계제도기능사

PART

2

실전과제 연습

1. 전동장치 문제도면

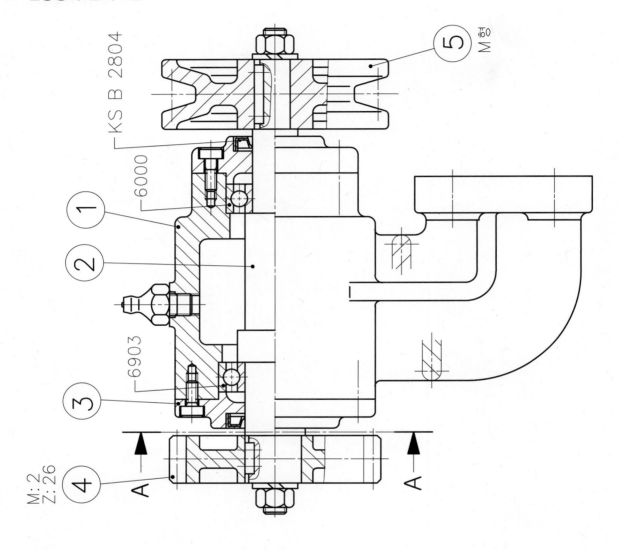

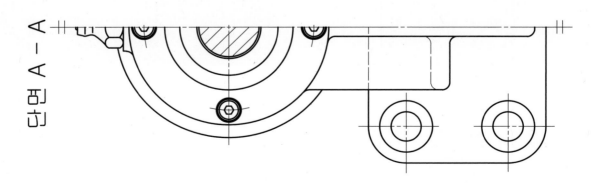

2. 등각조립도

3. 2D 모범답안

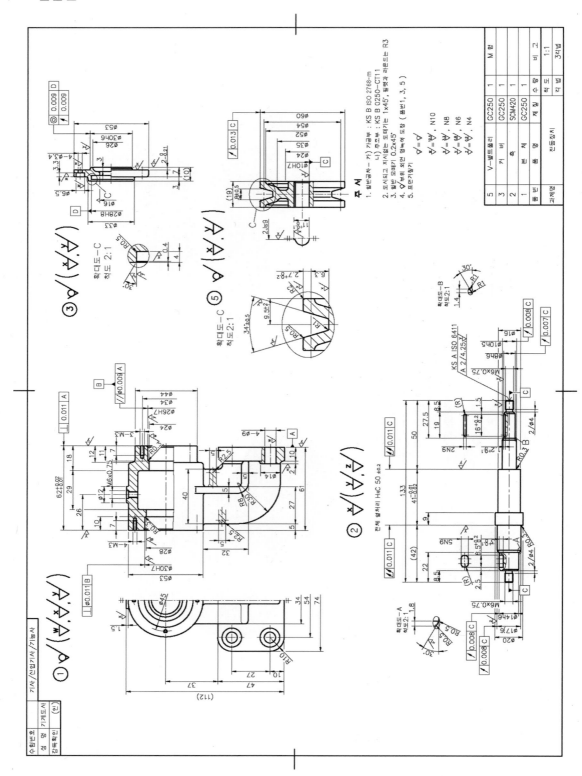

4. 3D 모범답안

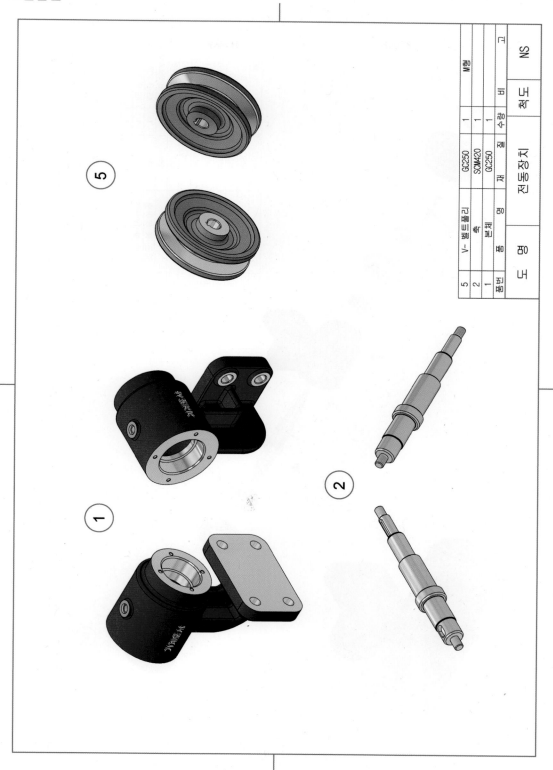

5	V-벨트풀리	GC250	1	
2	축	SCM420	1	
1	본체	GC250	1	M형
품번	품명	재질	수량	비고
도 명	전동장치	척 도	NS

5. 3D 등각분해도

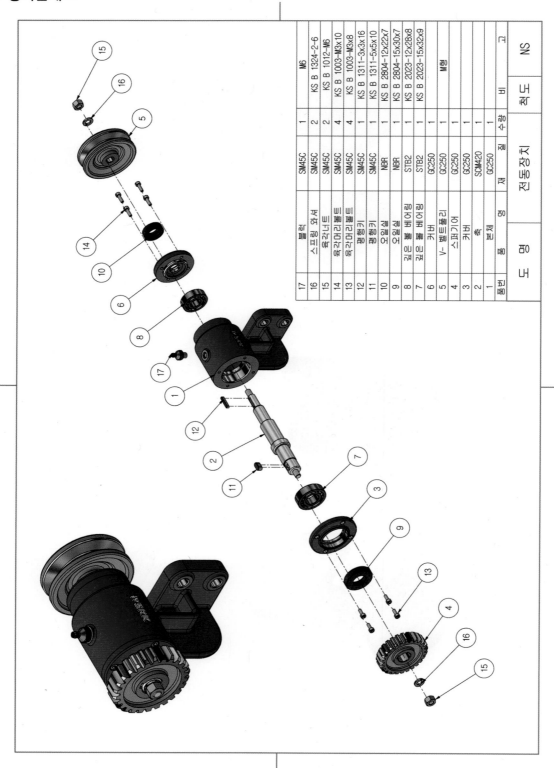

품번	품 명		재질	수량	비 고	
	도 명		전동장치		척도	NS
17	풀러		SM45C	1		M6
16	스프링 와셔		SM45C	2	KS B 1324-2-6	
15	육각너트		SM45C	2	KS B 1012-M6	
14	육각머리볼트		SM45C	4	KS B 1003-M3x10	
13	육각머리볼트		SM45C	4	KS B 1003-M3x8	
12	평행키		SM45C	1	KS B 1311-3x3x16	
11	평행키		SM45C	1	KS B 1311-5x5x10	
10	오일실		NBR	1	KS B 2804-12x22x7	
9	오일실		NBR	1	KS B 2804-15x30x7	
8	깊은홈 볼 베어링		STB2	1	KS B 2023-12x28x8	
7	깊은홈 볼 베어링		STB2	1	KS B 2023-15x32x9	
6	커버		GC250	1	M형	
5	V-벨트풀리		GC250	1		
4	스퍼기어		GC250	1		
3	커버		GC250	1		
2	축		SCM420	1		
1	본체		GC250	1		

※ 전동장치의 기출 도면을 분석하여 투상 방법과 채점포인트 등에 관하여 설명하는 영상이다. 3명의 학생들이 시험장에서 제출한 도면을 분석하고, 실제로 받은 점수를 바탕으로 왜 이러한 점수가 나왔는지 유추해 보도록 한다. 다른 사람의 도면을 보며 '나라면 어떻게 했을까'라는 생각을 가지고 비교하며 보도록 한다.

※ A학생의 도면은 채점 제외 대상이다. 3D 도면과 2D 도면을 출력해서 제출은 했지만 수험자 유의사항의 '(3) 전반적으로 KS 제도규격에 의해 제도되지 않았다고 판단된 도면', '(5) 끼워맞춤공차 기호를 부품도에 기입하지 않았거나 아무 위치에 지시하여 제도한 도면', '(6) 끼워맞춤공차의 구멍 기호(대문자)와 축 기호(소문자)를 구분하지 않고 지시한 도면', '(7) 기하공차 기호를 부품도에 기입하지 않았거나 아무 위치에 지시하여 제도한 도면', '(8) 표면 거칠기 기호를 부품도에 기입하지 않았거나 아무 위치에 지시하여 제도한 도면' 등의 오작 기준에 들기 때문에 채점 제외 대상의 도면이 된다. A학생의 2D 도면을 보면 끼워맞춤공차가 전혀 표현되지 않았다. 거칠기나 기하공차가 도면에 일부 표현되긴 했으나 제도법에 맞지 않게 도시되었기 때문에 오작 도면에 해당된다. 이처럼 수험자는 제한시간 안에 도면을 완성하여 제출했다고 생각하지만 실제 제도법에 맞지 않는 도면은 채점 제외 대상이므로 실제 점수를 보고 실망하는 경우가 많다. 정해진 제도법을 준수하여 올바른 투상법으로 치수기입, 끼워맞춤공차, 표면 거칠기, 기하공차 등을 꼼꼼히 기록하도록 연습하자.

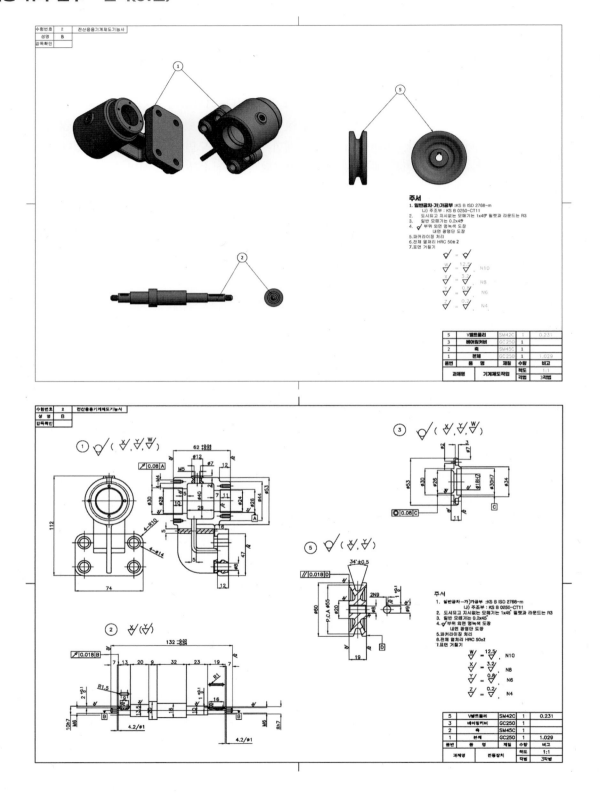

[B학생 취득점수 분석]

• 작업형 실기시험 채점(2D)

항목 번호	주요 항목	채점 세부내용	항목별 채점 방법	배점	종합	득점
1	투상법 선택과 배열	올바른 투상도 수의 선택	전체 투상도 수에서 1개당 3점 감점	15	27	13
		단면도 수의 선택	단면 불량 또는 누락 1개소당 2점 감점	7		
		합리적 도시 및 투상선 누락	상관선 및 투상선 누락과 불량 1개소당 1점 감점	5		
2	치수 기입	중요 치수	"2개소"당 누락 및 틀린 경우 1점 감점	5	12	8
		일반 치수	"2개소"당 누락 및 틀린 경우 1점 감점	4		
		치수 누락	"2개소"당 누락 1점 감점	3		
3	치수공차 및 끼워맞춤 기호	올바른 치수공차 기입	"2개소"당 누락 및 틀린 경우 1점 감점	3	8	4
		끼워맞춤공차 기호	"2개소"당 누락 및 틀린 경우 1점 감점	3		
		치수공차, 끼워맞춤공차 누락	"2개소"당 누락 1점 감점	2		
4	기하공차 기호	올바른 데이텀 설정	"1개소"당 누락 및 틀린 경우 1점 감점	3	8	6
		기차공차 기호의 적절성	"2개소"당 누락 및 틀린 경우 1점 감점	3		
		기하공차 기호 누락	"2개소"당 누락 1점 감점	2		
5	표면 거칠기 기호	기하공차부 표면 거칠기 기호	"2개소"당 누락 및 틀린 경우 1점 감점	3	8	4
		중요부 표면 거칠기 기호	"2개소"당 누락 및 틀린 경우 1점 감점	3		
		표면 거칠기 기호 기입과 누락	"3개소"당 누락 1점 감점	2		
6	재료 선택 및 부품란	올바른 재료 선택	재료 선택 불량 1개소당 1점 감점	4	7	6
		열처리 및 표면 처리 적절성	상 : 3점, 중 : 2점, 하 : 1점	3		
7	주서 및 부품란	상세도의 올바른 척도 지시	척도 누락 및 불량 1개소당 1점 감점	2	7	5
		맞는 수량 기입	누락 및 틀린 경우 1개소당 1점 감점	2		
		올바른 주서 기입	상 : 3점, 중 : 2점, 하 : 1점	3		
8	도면의 외관	도형의 균형 있는 배치	상 : 3점, 중 : 2점, 하 : 1점	3	8	6
		선의 용도에 맞는 굵기 선택	상 : 3점, 중 : 2점, 하 : 1점	3		
		용도에 맞는 문자 크기 선택	상 : 2점, 하 : 1점	2		
합계					85	52

※ 상 : 모두 맞은 경우, 중 : 틀린 것이 2개 이내인 경우, 하 : 틀린 것이 4개 이내인 경우

• 작업형 실기시험 채점(3D)

항목 번호	주요 항목	채점 세부내용	배점	종합	득점
1	형상 투상	(1)번 부품은 올바르게 투상하였는가?	1	3	3
		(2)번 부품은 올바르게 투상하였는가?	1		
		(5)번 부품은 올바르게 투상하였는가?	1		
2	형상 질량	(1)부품의 질량이 정확한가?	1	3	0
		(2)부품의 질량이 정확한가?	1		
		(5)부품의 질량이 정확한가?	1		
3	형상 편집	모따기 형상은 올바르게 투상하였는가?	1	2	2
		라운드 형상은 올바르게 투상하였는가?	1		
4	3차원 배치	각 부품의 특성을 잘 나타냈는가?	2	3	3
		각 부품 번호의 올바른 작성	1		
5	표제란 부품란	부품 수량의 올바른 기입	1	4	1
		부품 재질의 올바른 작성	1		
	도면 외관	선의 용도에 맞는 굵기 출력	1		
		요구 사항에 맞는 출력	1		
합계				15	9

※ B학생은 61점을 획득하였다. 기능사 필기 및 실기시험의 합격 점수는 60점으로 가까스로 합격한 점수이다. 도면을 살펴보면 3D 도면의 경우 3차원 배치가 적절한 투상도로 이루어지지 않았고, 부품란의 질량 표현이 틀렸다. 3D 도면에서는 주서를 넣을 필요가 없으며 출력된 도면을 보면 선의 굵기가 잘못 설정되어 글씨가 일부 희미하게 표현되었다. 2D 도면에서는 전체적으로 '③ 커버'나 '⑤ V-벨트풀리'의 확대도를 표현하여 도면을 풍성하게 하면 좋지만 해당 도면에는 표현되지 않았고 치수도 누락된 상태이다. 또한 도면의 단면 표현이 곳곳에 누락되었다. '① 본체'나 '⑤ V-벨트풀리'에 끼워맞춤공차가 전혀 표현되지 않았으며 다른 부품들도 끼워맞춤이 표현되긴 하였으나 적절하게 표현된 것은 아니다. 실제로 엄격한 채점관이 채점하여 수험자 유의사항 '(5) 끼워맞춤공차 기호를 부품도에 기입하지 않았거나 아무 위치에 지시하여 제도한 도면', '(6) 끼워맞춤공차의 구멍 기호(대문자)와 축 기호(소문자)를 구분하지 않고 지시한 도면'에 해당하여 오작 도면으로 분류도 가능하지만 실제로 오작 처리되지는 않았다. 거칠기 표현이나 기하공차 표현 역시 도면에는 기록되어 있으나 KS 제도법에 맞지 않는 부분이 많기 때문에 점수가 61점이 되었다. 도면에는 이것저것 많이 표현되어 있지만 채점 기준에 맞는 내용 측면에서는 부족한 도면이다.

C학생 취득 점수 - 합격(67점)

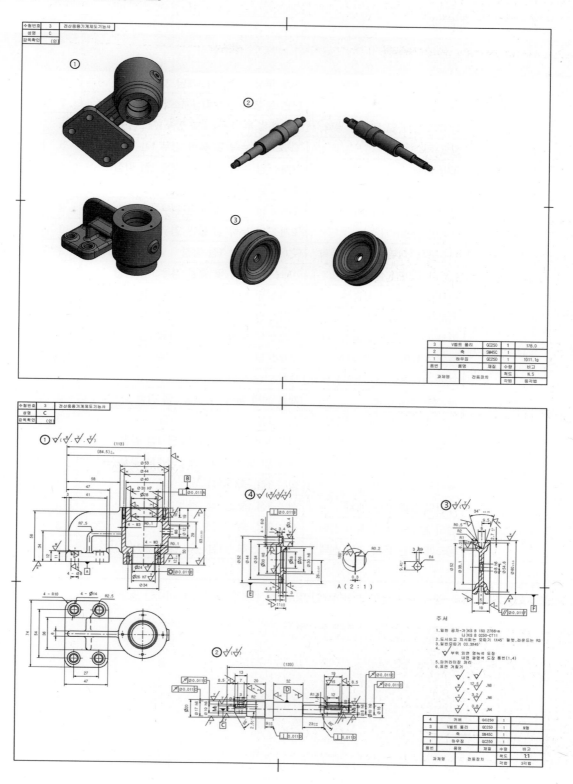

[C학생 취득점수 분석]

- 작업형 실기시험 채점(2D)

항목 번호	주요 항목	채점 세부내용	항목별 채점 방법	배점	종합	득점
1	투상법 선택과 배열	올바른 투상도 수의 선택	전체 투상도 수에서 1개당 3점 감점	15	27	14
		단면도 수의 선택	단면 불량 또는 누락 1개소당 2점 감점	7		
		합리적 도시 및 투상선 누락	상관선 및 투상선 누락과 불량 1개소당 1점 감점	5		
2	치수 기입	중요 치수	"2개소"당 누락 및 틀린 경우 1점 감점	5	12	8
		일반 치수	"2개소"당 누락 및 틀린 경우 1점 감점	4		
		치수 누락	"2개소"당 누락 1점 감점	3		
3	치수공차 및 끼워맞춤 기호	올바른 치수공차 기입	"2개소"당 누락 및 틀린 경우 1점 감점	3	8	6
		끼워맞춤공차 기호	"2개소"당 누락 및 틀린 경우 1점 감점	3		
		치수공차, 끼워맞춤공차 누락	"2개소"당 누락 1점 감점	2		
4	기하공차 기호	올바른 데이텀 설정	"1개소"당 누락 및 틀린 경우 1점 감점	3	8	6
		기차공차 기호의 적절성	"2개소"당 누락 및 틀린 경우 1점 감점	3		
		기하공차 기호 누락	"2개소"당 누락 1점 감점	2		
5	표면 거칠기 기호	기하공차부 표면 거칠기 기호	"2개소"당 누락 및 틀린 경우 1점 감점	3	8	5
		중요부 표면 거칠기 기호	"2개소"당 누락 및 틀린 경우 1점 감점	3		
		표면 거칠기 기호 기입과 누락	"3개소"당 누락 1점 감점	2		
6	재료 선택 및 부품란	올바른 재료 선택	재료 선택 불량 1개소당 1점 감점	4	7	6
		열처리 및 표면 처리 적절성	상 : 3점, 중 : 2점, 하 : 1점	3		
7	주서 및 부품란	상세도의 올바른 척도 지시	척도 누락 및 불량 1개소당 1점 감점	2	7	6
		맞는 수량 기입	누락 및 틀린 경우 1개소당 1점 감점	2		
		올바른 주서 기입	상 : 3점, 중 : 2점, 하 : 1점	3		
8	도면의 외관	도형의 균형 있는 배치	상 : 3점, 중 : 2점, 하 : 1점	3	8	5
		선의 용도에 맞는 굵기 선택	상 : 3점, 중 : 2점, 하 : 1점	3		
		용도에 맞는 문자 크기 선택	상 : 2점, 하 : 1점	2		
합계					85	56

※ 상 : 모두 맞은 경우, 중 : 틀린 것이 2개 이내인 경우, 하 : 틀린 것이 4개 이내인 경우

· 작업형 실기시험 채점(3D)

항목 번호	주요 항목	채점 세부내용	배점	종합	득점
1	형상 투상	(1)번 부품은 올바르게 투상하였는가?	1	3	3
		(2)번 부품은 올바르게 투상하였는가?	1		
		(5)번 부품은 올바르게 투상하였는가?	1		
2	형상 질량	(1)부품의 질량이 정확한가?	1	3	2
		(2)부품의 질량이 정확한가?	1		
		(5)부품의 질량이 정확한가?	1		
3	형상 편집	모따기 형상은 올바르게 투상하였는가?	1	2	2
		라운드 형상은 올바르게 투상하였는가?	1		
4	3차원 배치	각 부품의 특성을 잘 나타냈는가?	2	3	2
		각 부품 번호의 올바른 작성	1		
5	표제란 부품란	부품 수량의 올바른 기입	1	4	2
		부품 재질의 올바른 작성	1		
	도면 외관	선의 용도에 맞는 굵기 출력	1		
		요구 사항에 맞는 출력	1		
합계				15	11

※ C학생은 67점을 획득하였다. A학생과 B학생은 3D 프로그램은 인벤터를, 2D 프로그램은 오토캐드를 사용했지만, C학생은 3D, 2D 모두 인벤터 프로그램을 사용하였다. 3D 도면에서 3차원 배치가 조금 미흡한 점을 빼면 전체적으로 적절하게 표현되었다. 2D 도면은 도면 치수가 너무 조밀하게 적용되어 도면을 봤을 때 답답한 느낌을 들게 한다. 투상 표현에서는 '① 본체'의 배치가 틀렸다. 끼워맞춤공차와 거칠기 기호는 비교적 적절하게 들어갔지만, 기하공차의 데이텀 기준 설정이나 공차값 표현이 부족하다. 만약 필자가 채점을 했다면 70점 초반 대의 점수를 부여했을 것이다. 점수의 채점은 해당 도면의 투상, 중요치수, 끼워맞춤, 거칠기, 기하공차 등의 채점 대상 부분을 미리 정해서, 해당 부분이 표현되어 있으면 점수를 획득하고 표현되지 않았다면 감점되는 형식으로 이루어진다. 시험의 점수가 공개되면 수험자는 채점결과에 대해 한국산업인력공단에 질의할 수 있지만 결과와 과정에 관한 정확한 답변을 기대하기 어렵다. 필자의 경험상 통계치에 따르면 동력전달장치 도면이 나왔을 때에는 예상보다 점수가 낮게 나오는 경향이 있으며, 수험자들이 어려워하는 치공구 형상일수록 예상보다 점수가 높게 나오는 경향이 있다. 수험자들은 이러한 상황을 잘 이해하여 치공구 도면이 나오더라도 포기하지 말고 최선을 다해 도면을 작성한다면 좋은 점수를 획득할 수 있을 것이다.

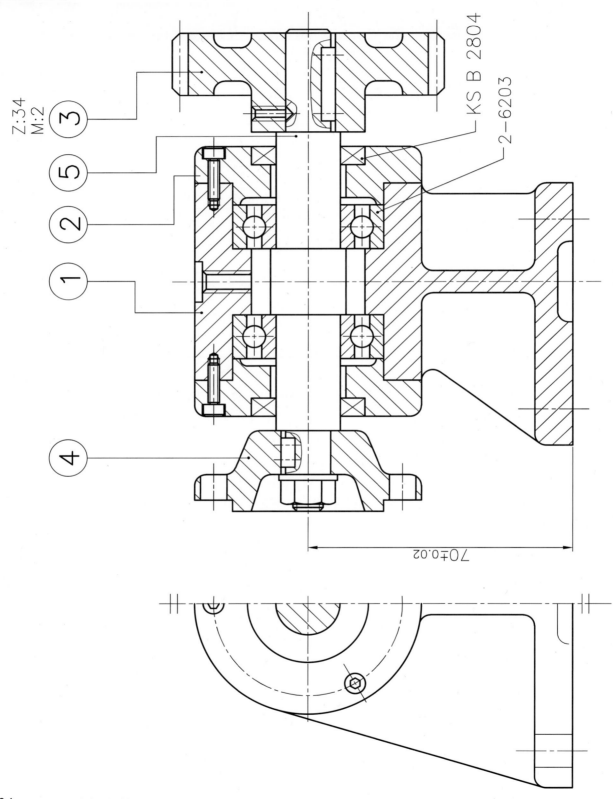

2. 등각조립도

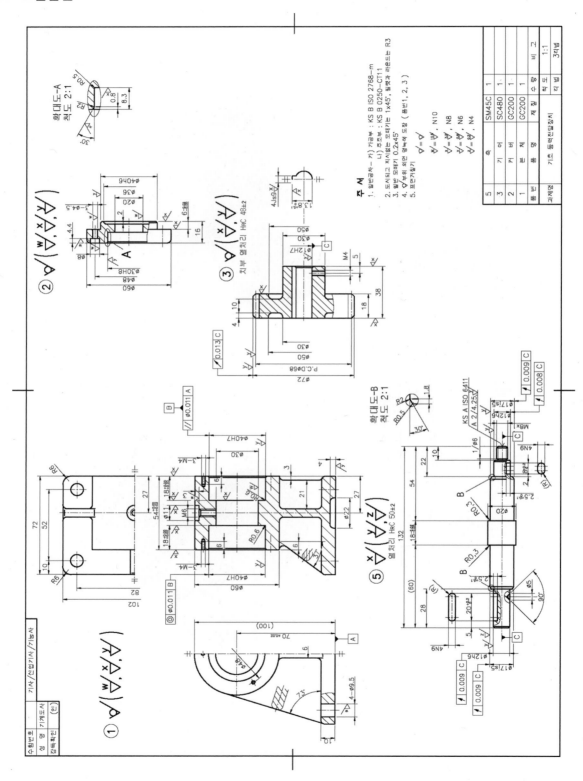

4. 3D 모범답안

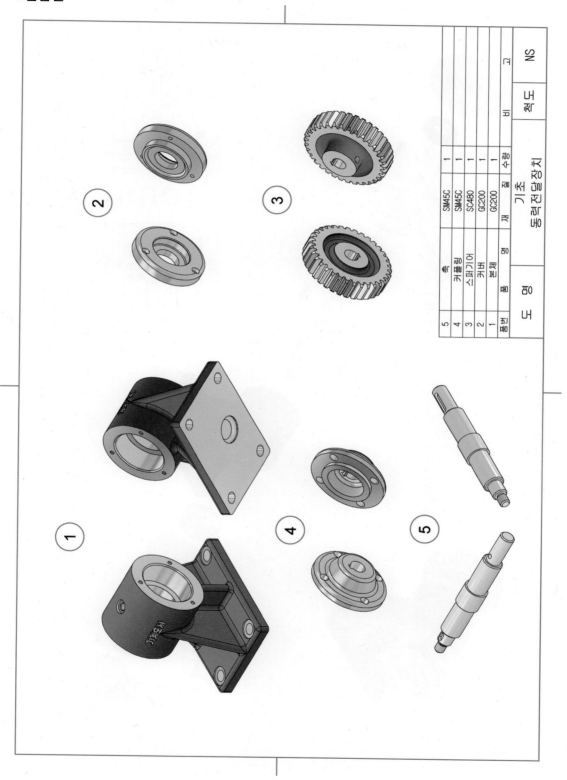

품번	품 명	재 질	수량	비 고
5	축	SM45C	1	
4	커플링	SM45C	1	
3	스퍼기어	SC480	1	
2	커버	GC200	1	
1	본체	GC200	1	

기초동력전달장치

척도 | NS

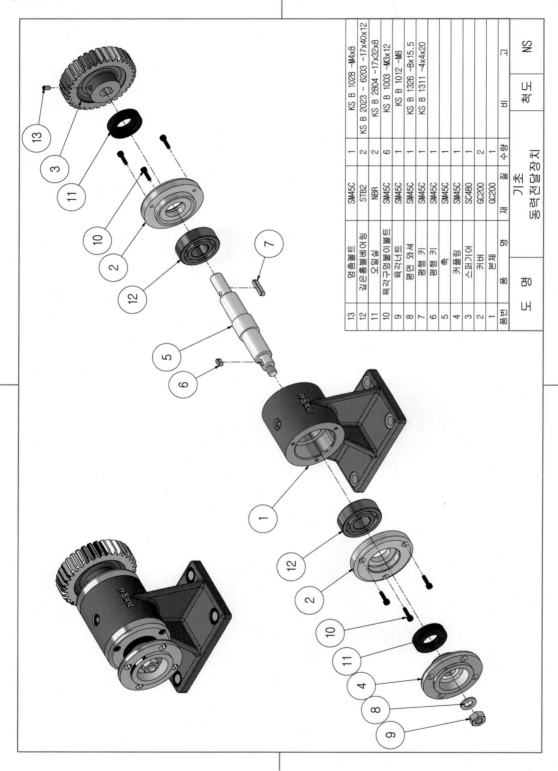

품번	품명	재질	수량	비고
13	멈춤볼트	SM45C	1	KS B 1028 -M4x8
12	깊은홈볼베어링	STB2	2	KS B 2023 - 6203 -17x40x12
11	오일실	NBR	2	KS B 2804 -17x32x8
10	육각구멍붙이볼트	SM45C	6	KS B 1003 -M3x12
9	육각너트	SM45C	1	KS B 1012 -M8
8	평면 와셔	SM45C	1	KS B 1326 -8x15.5
7	평행 키	SM45C	1	
6	평행 키	SM45C	1	KS B 1311 -4x4x20
5	축	SM45C	1	
4	커플링	SC480	1	
3	스파기어	GC200	2	
2	커버	GC200	1	
1	본체			

동력전달장치

기초

척도 NS

도 명

동영상 해설 강의

일반기계기사/기계설계산업기사/전산응용기계제도기능사 · 인벤터 버전 2022

동력전달장치 완전 정복 원리/투상설명

▶ YouTube 기계도사

※ 동력전달장치는 모터와 같은 동력원에서 발생한 동력을 기계가 일하는 곳까지 전달하기 위한 장치로 본체, 커버, 기어, V-벨트풀리 등의 기계요소로 구성되어 있다.

기초동력전달장치에 포함될 사항들

① 부품 재료

구분	본체	커버	기어	축
재료	• GC250(회주철품) • 인장강도 250N/mm² 이상	• GC250(회주철품) • 인장강도 250N/mm² 이상	• SC480(탄소주강품) • 인장강도 480N/mm² 이상	• SCM420(탄소주강품) • 인장강도 480N/mm² 이상

② 각 부품에 고려되어야 할 KS 규격 부품

구분	본체	커버	기어	축
KS 규격	• 베어링 • 육각구멍붙이 볼트 • 중심거리의 허용차	• 베어링 • 오일실 • 볼트 자리파기	• 기어의 이 계산 • 평행키(키 홈) • 요목표	• 6203 베어링 • 오일실 • 평행키(키 홈) • 센터 구멍

③ 표면 거칠기 기입

구분	본체	커버	기어	축
표면 거칠기	①	②	③	⑤

④ 기하공차 기입

구분	본체	커버	기어	축
기하 공차	• 직각도 • 평행도 • 동심도	• 원주 흔들림 • 동축도	원주 흔들림	원주 흔들림
적용 IT 공차	IT5등급			

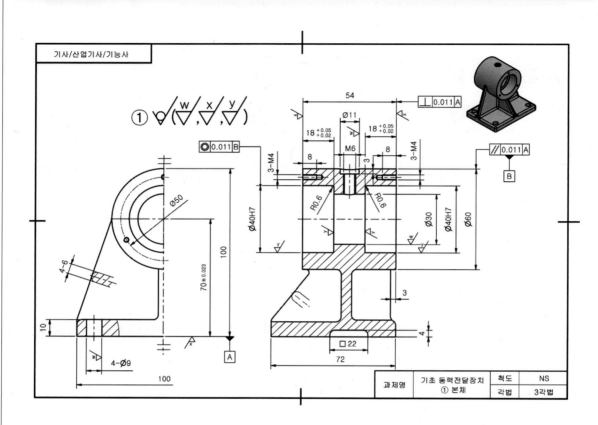

과제명	기초 동력전달장치 ① 본체	척도	NS
		각법	3각법

※ 동력전달장치의 요소들이 조립되어 원활히 작동할 수 있도록 전체를 지탱하는 기능을 한다.

※ 구조적으로 다른 곳에 설치할 수 있도록 바닥면을 볼트로 고정시킬 수 있다.

※ 투상도는 기본적으로 3면도(정면도, 우측면도, 평면도)를 나타낸다.

① 본체에 적용되는 KS 규격 부품의 치수와 공차기입

  ㉠ 베어링의 치수결정

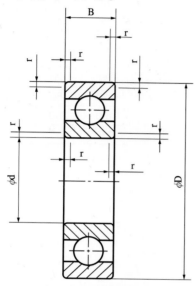

• KS 기계제도 규격에서 23. 깊은 홈 볼 베어링의 6203을 찾아 결정하며, 베어링의 바깥지름을 D=40으로 설계하고 구석부분의 라운드값도 r=0.6으로 결정한다.

호칭번호	치수			
(62계열)	d	D	B	r
6200	10	30	9	0.6
6201	12	32	10	0.6
6202	15	35	11	0.6
6203	17	40	12	0.6
6204	20	47	14	1
6205	25	52	15	1
6206	30	62	16	1
6207	35	72	17	1.1
6208	40	80	18	1.1

• KS 기계제도 규격 32. 베어링의 끼워맞춤 상의 하우징 끼워맞춤공차 H7을 적용한다.

하우징 구멍 공차		
외륜 정지 하중	모든 종류의 하중	H7
외륜 회전 하중	보통하중 또는 중하중	N7

ⓛ 중심거리 허용차
- KS 기계제도 규격의 4. 중심 거리의 허용차를 적용하여 중심축선에서 바닥까지의 거리가 70mm이므로 2급을 적용하여 ±23μm을 적용한다.

중심거리 구분		등급	
초과	이하	1급	2급
−	3	±3	±7
3	6	±4	±9
6	10	±5	±11
10	18	±6	±14
18	30	±7	±17
30	50	±8	±20
50	80	±10	±23
80	120	±11	±27
120	180	±13	±32
180	250	±15	±36
250	315	±16	±41

ⓒ 본체의 +공차기입
- $18^{+0.05}_{+0.02}$ 본체의 왼쪽과 오른쪽에 6003 베어링이 체결될 때 본체와 베어링 사이의 간격 치수는 +공차를 주었고, 베어링을 밀어주는 축 부분에는 −공차를 준다.

② 본체에 적용하는 표면 거칠기

ⓐ $\overset{}{\forall}$: 가공하지 않는 면(주물 상태)

ⓑ $\overset{W}{\triangledown}$: 드릴구멍, 접촉이 없는 부분

ⓒ $\overset{X}{\triangledown}$: 바닥 부분, 커버가 조립되는 부분, 두 부분이 면으로 접촉하는 부분

ⓓ $\overset{Y}{\triangledown}$: 베어링과 접촉하는 부분, 두 부분이 서로 조립되는 부위(끼워맞춤공차 적용)

③ 본체에 적용하는 기하공차

ⓐ 바닥면을 기준면(데이텀)으로 함 → 바닥 기준으로 베어링이 조립되는 본체 베어링 구멍 부분에 평행도 공차 기입 → | // | 0.011 | A |

ⓑ 본체 구멍에 베어링이 두 개가 조립되어 있을 경우 하나의 베어링 구멍을 기준으로 다른 쪽의 동축도 공차 기입 → | ◎ | 0.011 | B |

ⓒ 커버가 본체에 조립되는 경우 바닥 기준으로 커버 조립면의 직각도 기입 → | ⊥ | 0.011 | A |

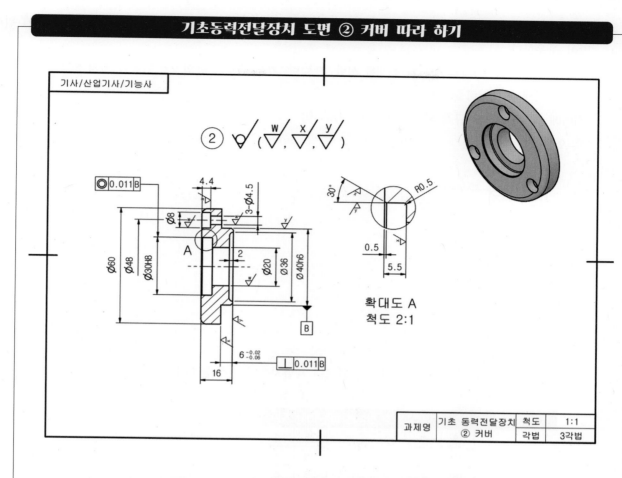

기사/산업기사/기능사

② ✓ (✓ W, ✓ X, ✓ y)

확대도 A
척도 2:1

과제명	기초 동력전달장치 ② 커버	척도	1:1
		각법	3각법

※ 커버는 베어링과 축이 옆으로 빠져나오지 않도록 붙잡아 주고, 오일실과 같이 이물질 침입을 차단하기 위해 많이 사용한다.

※ 주조나 단조에 의해 1차로 생산된 소재를 선반, 드릴링, 카운터 보링 등의 2차 가공을 거쳐 상품성을 높이기 위해 표면에 도장처리를 한다.

① 커버에 적용되는 KS 규격 부품의 치수와 공차기입

  ㉠ 오일실의 치수결정

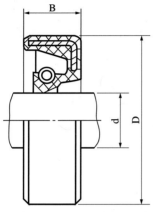

• KS 기계제도 규격 37. 오일실의 G, GM, GA 계열치수의 안지름(축지름) d=17mm를 기준치수로 바깥지름을 측정하여 D=30mm로 결정하고, 폭값 B=5mm를 결정한다.

호칭 안지름 d	D	B	호칭 안지름 d	D	B
7	18	4	* 13	25	4
	20	7		28	7
8	18	4	14	25	4
	22	7		28	7
9	20	4	15	25	4
	22	7		30	7
10	20	4	16	28	10
	25	7		30	13
11	22	4	17	30	5
	25	7		32	8
12	22	4	18	30	5
	25	7		35	8

- KS 기계제도 규격 38. 오일실 부착 관계(축 및 하우징 구멍의 모따기와 둥글기)의 $\alpha=30°$, $l=0.5mm$, $r=0.5mm$를 결정하여 그려준다.

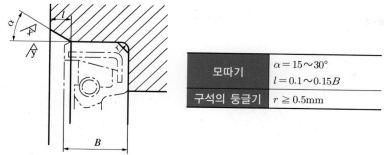

모따기	$\alpha=15\sim30°$ $l=0.1\sim0.15B$
구석의 둥글기	$r\geqq0.5mm$

ⓛ 본체에 조립되는 커버의 축 부분

- 본체와 끼워지는 커버 외경 D는 본체 내경치수($\varnothing40H7$)를 참고하여 결정하고 끼워맞춤공차는 h6(헐거운 끼워맞춤)으로 한다.

ⓒ 깊은 홈 볼 베어링 측면을 밀어주는 길이 치수는 베어링이 조립된 후 공간이 생기도록 마이너스공차 $6^{-0.02}_{-0.06}$를 주었다.

② 커버에 적용되는 표면 거칠기

㉠ $\sqrt{}$: 가공하지 않는 면(주물 상태)

ⓛ $\overset{W}{\sqrt{}}$: 드릴 구멍(카운트 보어), 접촉이 없는 부분

ⓒ $\overset{X}{\sqrt{}}$: 본체와 접촉 부분, 오일실 부분, 두 부분이 면으로 접촉하는 부분

ⓔ $\overset{Y}{\sqrt{}}$: 본체에 조립되는 커버 외경, 오일실 부분, 베어링과 접척 부분, 두 부분이 서로 조립되는 부위(끼워맞춤공차 적용)

③ 커버에 적용되는 기하 공차

㉠ 커버가 본체에 삽입되는 $\varnothing40$ 부분을 데이텀 기준으로 적용

ⓛ 본체의 측면과 접촉하는 부분과 베어링 측면과 접촉하는 부분에 직각도 적용 → | ⊥ | 0.011 | B |

ⓒ 오일실이 조립되는 $\varnothing30$의 구멍의 축심에 동축도 적용 → | ◎ | 0.011 | B |

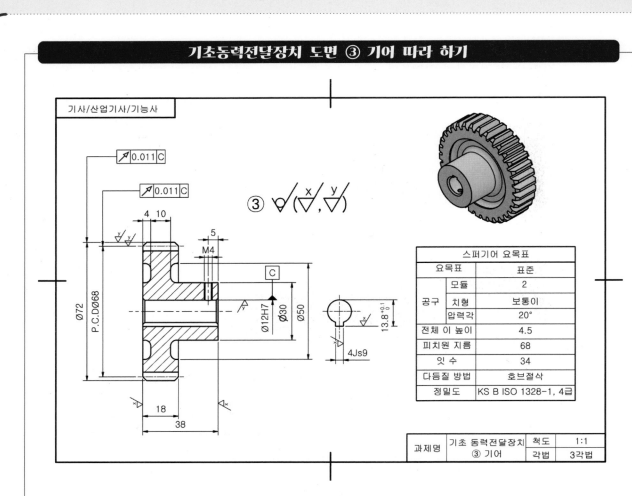

기사/산업기사/기능사

③ ∇(x/∇, y/∇)

스퍼기어 요목표		
요목표		표준
공구	모듈	2
	치형	보통이
	압력각	20°
전체 이 높이		4.5
피치원 지름		68
잇 수		34
다듬질 방법		호브절삭
정밀도		KS B ISO 1328-1, 4급

과제명	기초 동력전달장치 ③ 기어	척도	1:1
		각법	3각법

일반기계기사/기계설계산업기사/전산응용기계제도기능사
인벤터 버전 2022
동력전달장치 완전정복
③ 기어 3D 모델링

동영상 해설 강의
▶ YouTube 기계도사

일반기계기사/기계설계산업기사/전산응용기계제도기능사
인벤터 버전 2022
동력전달장치 인벤터 2D
③ 기어 2D 치수기입

동영상 해설 강의
▶ YouTube 기계도사

※ 외부의 기어로 동력을 전달받아 축과 플랜지에 삽입된 평행키에 의해 회전력을 전달한다.

※ 주조하거나 봉재를 절단하여 선반 가공 후 호빙머신 등으로 기어의 이를 가공하여 열처리 할 수 있는 주강 등의 재료를 선택한다.

① 기어에 적용되는 KS 규격 부품의 치수와 공차기입

　　㉠ 기어 요목표 그리기

스퍼기어 요목표		
기어 치형		표준
공구	모듈	□
	치형	보통이
	압력각	20°
전체 이 높이		□
피치원 지름		□
잇수		□
다듬질 방법		호브절삭
정밀도		KS B ISO 1328-1, 4급

• KS 기계제도 규격 49. 요목표(예)를 참고하여 기어 요목표를 그려주고 모듈과 잇수를 통해 이 높이와 피치원 지름 등을 계산하여 기록한다.
　　– 잇수, 피치원 지름은 계산하여 기입
　　– 피치원 지름(PCD) = $m \times Z = 2 \times 34 = 68mm$ (여기서, m : 모듈, Z : 잇수)
　　– 이끝원 지름(D_0) = $m \times (Z + 2) = 2 \times (34+2) = 72mm$
　　– 전체 이 높이(h) = $2.25 \times m = 2.25 \times 2 = 4.5mm$

　　㉡ 평행키의 치수결정

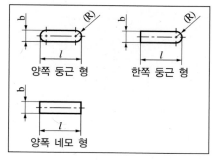

양쪽 둥근 형　　　한쪽 둥근 형

양쪽 네모 형

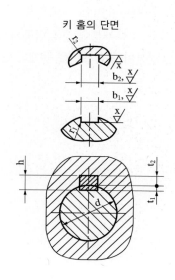

키 홈의 단면

- KS 기계제도 규격 21. 평행 키(키 홈)의 기어에 조립된 축의 지름 $\varnothing$ 12를 기준으로 $t_2=1.8$mm와 $b_2=4$mm를 결정하여 그린다.

키 홈의 치수								적용하는 축지름 d (초과~이하)
b_1 및 b_2의 기준치수	활동형		보통형		t_1의 기준치수	t_2의 기준치수	t_1 및 t_2의 허용차	
	b_1	b_2	b_1	b_2				
	허용차	허용차	허용차	허용차				
2					1.2	1.0	+0.10	6~8
3					1.8	1.4		8~10
4	H9	D10	N9	JS9	2.5	1.8		10~12
5					3.0	2.3		12~17
6					3.5	2.8		17~22
7					4.0	3.3	+0.20	20~25
8					4.0	3.3		22~30
10					5.0	3.3		30~38

② 기어의 표면 거칠기

㉠ $\overset{\bigtriangledown}{}$: 가공하지 않는 면(주물 상태)

㉡ $\overset{X}{\bigtriangledown}$: 키의 접촉면, 바닥 부분, 두 부분이 면으로 접촉하는 부분

㉢ $\overset{Y}{\bigtriangledown}$: 축과 접촉 부분, 기어의 이 부분, 두 부분이 서로 조립되는 부위(끼워맞춤공차 적용)

③ 기어의 기하공차

㉠ 축이 지나가는 12H7의 구멍을 데이텀 기준으로 적용

㉡ 기어의 바깥지름과 피치원 지름부분에 흔들림공차를 적용 → | ↗ | 0.011 | C |

㉢ 각 단면에 해당하는 측정평면이나 원통면을 규제하기 때문에 원주 흔들림공차값에는 파이를 붙이지 않음

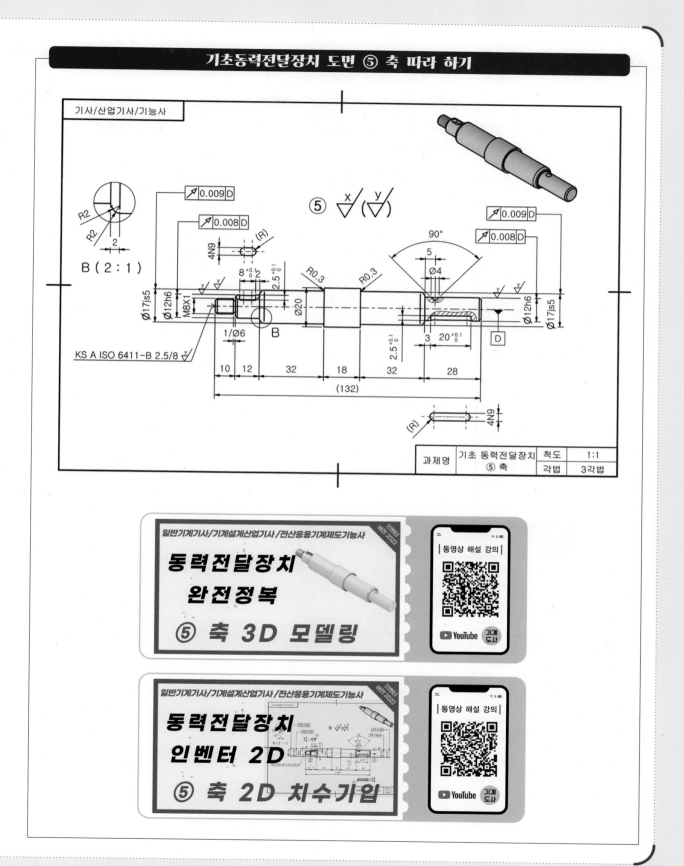

기사/산업기사/기능사

B (2 : 1)

R2
R2
2

⑤

0.009 D
0.008 D
0.009 D
0.008 D

x / y

90°
5
Ø4
R0.3
R0.3

4N9
8 +0.2 0
2.5 +0.1 0
(R)

Ø17js5
Ø12h6
M8X1
Ø20
Ø12h6
Ø17js5

1/Ø6
B
2.5 +0.1 0
3
20 +0.1 0
D

KS A ISO 6411-B 2.5/8

10 12 32 18 32 28

(132)

(R) 4N9

| 과제명 | 기초 동력전달장치 ⑤ 축 | 척도 | 1:1 |
| | | 각법 | 3각법 |

※ 축은 본체에 삽입되어 있는 베어링에 의해 지지되어 회전력을 전달하는 역할을 하며, 정확하게 설계·가공 및 조립되어야 기계의 소음과 진동이 적고 수명이 길어진다.

※ 투상은 길이방향으로 정면도 1개를 그리는 것을 원칙으로 하고 특정 부위(키홈)는 국부 투상도로 처리한다.

※ 축은 선반 가공 후 열처리를 하고 연삭 등 마무리 공정을 거쳐 완성하므로 기계구조용 탄소강(SM45C), 크롬-몰리브덴강(SCM415) 등의 재료를 선택한다.

① 축에 적용되는 KS 규격 부품의 치수와 공차기입

　㉠ 베어링의 치수결정

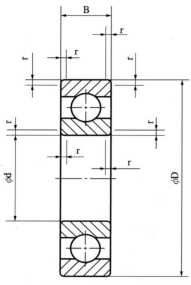

• KS 기계제도 규격 23. 깊은 홈 볼 베어링의 6203을 찾아 베어링 안지름 d=17mm을 결정한다.

호칭번호	치수			
(62계열)	d	D	B	r
6200	10	30	9	0.6
6201	12	32	10	0.6
6202	15	35	11	0.6
6203	17	40	12	0.6
6204	20	47	14	1
6205	25	52	15	1
6206	30	62	16	1
6207	35	72	17	1.1
6208	40	80	18	1.1

• KS 기계제도 규격 32. 베어링의 끼워맞춤의 내륜회전의 끼워맞춤공차 js5를 적용한다.

내륜회전 하중 또는 방향 부정 하중(보통 하중)			
볼 베어링	원통, 테이퍼 롤러 베어링	자동조심 롤러 베어링	허용차 등급
축 지름			
18 이하	–	–	js5
18 초과 100 이하	40 이하	40 이하	k5
100 초과 200 이하	40 초과 100 이하	40 초과 65 이하	m5

• KS 기계제도 규격 31. 베어링 구석 홈 부 둥글기의 R값 0.3mm을 적용한다.

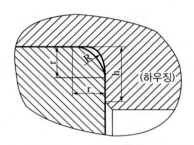 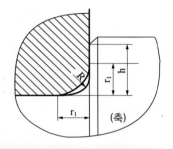

r 또는 r_1 (min)	축 또는 하우징		
	R (max)	레이디얼 베어링의 경우의 어깨 높이 h	
		일반	특수
0.1	0.1	0.4	
0.15	0.15	0.6	
0.2	0.2	0.8	
0.3	0.3	1.25	1
0.6	0.6	2.25	3
1.0	1.0	2.75	2.5

ㄴ 평행 키의 치수결정

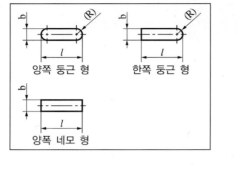

양쪽 둥근 형   한쪽 둥근 형

양쪽 네모 형

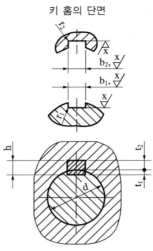

키 홈의 단면

• KS 기계제도 규격 21. 평행 키(키 홈)의 기어와 플랜지에 조립되는 축의 기준치수 ∅12를 찾아서 t_2=2.5mm와 b_2=4mm를 적용한다.

키 홈의 치수								적용하는 축지름 d (초과~이하)
b_1 및 b_2의 기준치수	활동형		보통형		t_1의 기준치수	t_2의 기준치수	t_1 및 t_2의 허용차	
	b_1	b_2	b_1	b_2				
	허용차	허용차	허용차	허용차				
2	H9	D10	N9	JS9	1.2	1.0	+0.10	6~8
3					1.8	1.4		8~10
4					2.5	1.8		10~12
5					3.0	2.3		12~17
6					3.5	2.8		17~22
7					4.0	3.3	+0.20	20~25
8					4.0	3.3		22~30
10					5.0	3.3		30~38

ⓒ 오일실의 치수결정

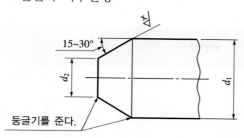

- KS 기계제도 규격 38. 오일실 부착관계(축 및 하우징 구멍의 모따기와 둥글기)를 찾아 둥글기를 적절하게 적용한다. 축의 왼쪽과 오른쪽에 베어링과 동시에 오일실이 삽입된다.

d_1	d_2(최대)
17	14.9
18	15.8
20	17.7
22	19.6
24	21.5
25	22.5
* 26	23.4
28	25.3
30	27.3
32	29.2

ⓓ 센터구멍 치수결정

A형

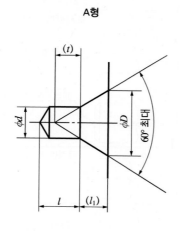

B형

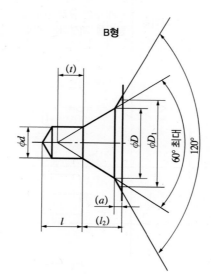

C형

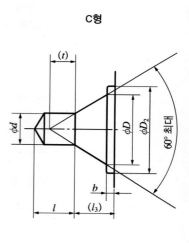

• KS 기계제도 규격 47. 센터 구멍에서 구멍의 형상을 A형으로 선택한다.

단위 : mm

호칭지름 d	D	D_1	D_2 (최소)	$l(^2)$ (최대)	b (약)	참고				
						l_1	l_2	l_3	t	a
(0.5)	1.06	1.6	1.6	1	0.2	0.48	0.64	0.68	0.5	0.16
(0.63)	1.32	2	2	1.2	0.3	0.6	0.8	0.9	0.6	0.2
(0.8)	1.7	2.5	2.5	1.5	0.3	0.78	1.01	1.08	0.7	0.23
1	2.12	3.15	3.15	1.9	0.4	0.97	1.27	1.37	0.9	0.3
(1.25)	2.65	4	4	2.2	0.6	1.21	1.6	1.81	1.1	0.39
1.6	3.35	5	5	2.8	0.6	1.52	1.99	2.12	1.4	0.47
2	4.25	6.3	6.3	3.3	0.8	1.95	2.54	2.75	1.8	0.59
2.5	5.3	8	8	4.1	0.9	2.42	3.2	3.32	2.2	0.78
3.15	6.7	10	10	4.9	1	3.07	4.03	4.07	2.8	0.96
4	8.5	12.5	12.5	6.2	1.3	3.9	5.05	5.2	3.5	1.15
(5)	10.6	16	16	7.5	1.6	4.85	6.41	6.45	4.4	1.56
6.3	13.2	18	18	9.2	1.8	5.98	7.36	7.78	5.5	1.38
(8)	17	22.4	22.4	11.5	2	7.79	9.35	9.79	7	1.56
10	21.2	28	28	14.2	2.2	9.7	11.6	11.9	8.7	1.96

• KS 기계제도 규격 48. 센터 구멍의 표시방법에서 도시 기호를 남겨두는 것으로 적용한다.

단위 : mm

센터 구멍의 도시 기호와 지시 방법 – 단, 규격은 KS A ISO 6411-1에 따른다.			
센터 구멍 필요 여부 (도시된 상태로 다듬질되었을 때)	도시기호	센터 구멍 규격 번호 및 호칭 방법을 지정하지 않는 경우	센터 구멍의 규격 번호 및 호칭 방법을 지정하는 경우 도시방법
반드시 남겨둔다.	<		규격번호, 호칭방법 규격번호, 호칭방법
남아 있어도 좋다.			규격번호, 호칭방법
남아 있어서는 안 된다.	K		규격번호, 호칭방법 규격번호, 호칭방법

② 축의 표면 거칠기

　　㉠ $\overset{X}{\bigvee}$: 일반적인 축의 표면 거칠기, 두 부분이 면으로 접촉하는 부분

　　㉡ $\overset{Y}{\bigvee}$: 베어링과 접촉하는 부분, 키와 접촉하는 부분, 두 부분이 서로 조립되는 부위(끼워맞춤공차 적용)

③ 축의 기하공차

　　㉠ 축의 양 센터를 지나는 중심을 축의 데이텀으로 결정

　　㉡ 베어링, 기어, 풀리가 조립되는 축의 바깥지름(외경)에 흔들림공차 적용 → | ↗ | 0.009 | D |

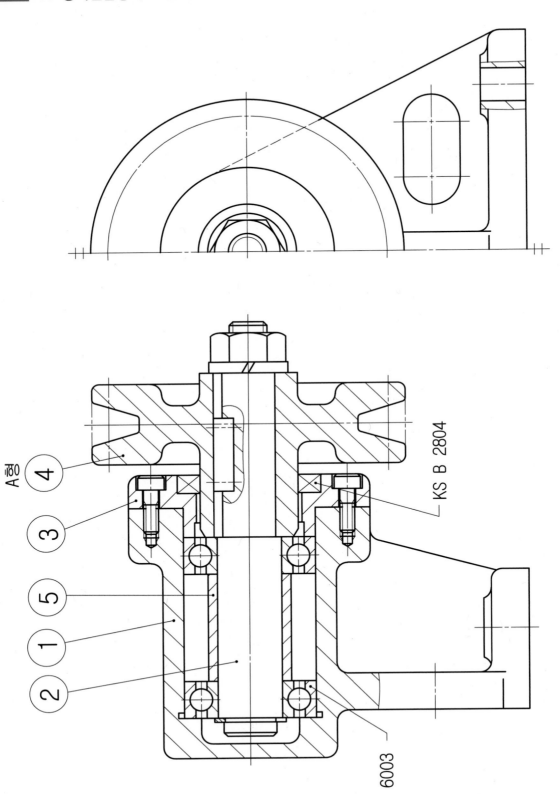

A향

④

③

⑤

①

②

KS B 2804

6003

2. 등각조립도

3. 2D 모범답안

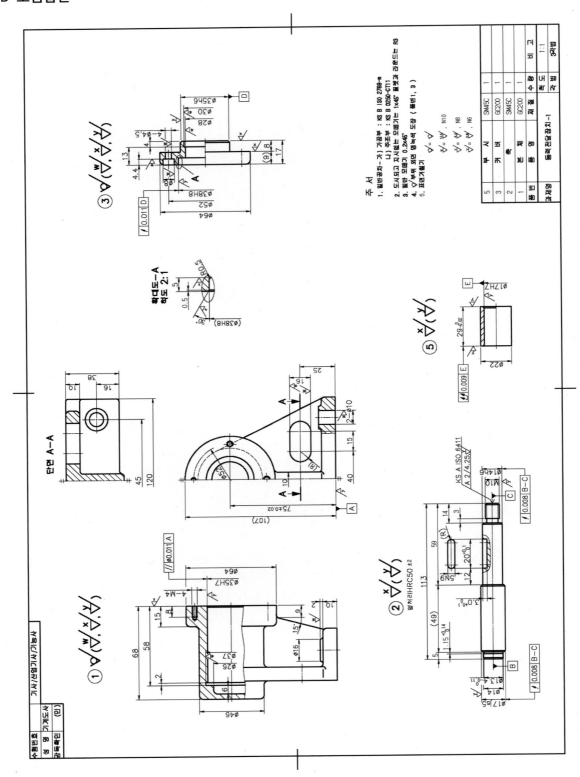

4. 2D 채점 Point

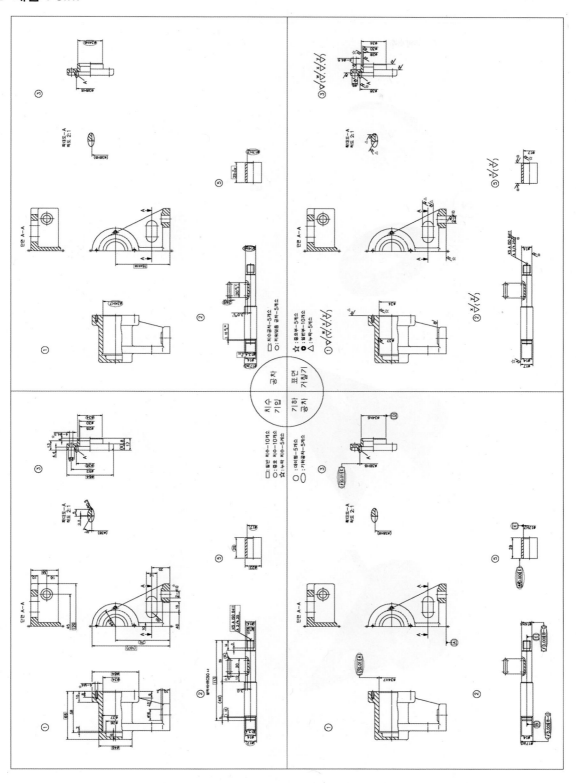

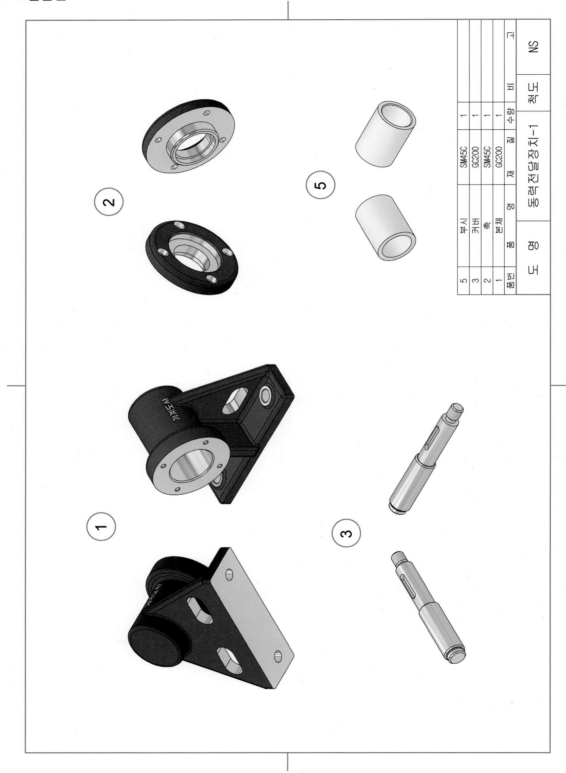

품번	품명	재질	수량	비고
5	부시	SM45C	1	
3	커버	GC200	1	
2	축	SM45C	1	
1	본체	GC200	1	

동력전달장치-1

척도 NS

6. 3D 등각분해도

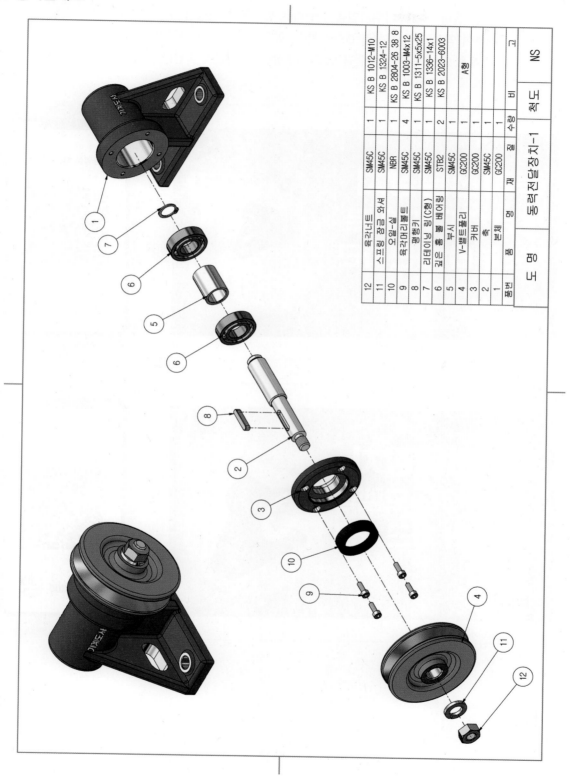

품번	품 명	재 질	수량	비 고
12	육각너트	SM45C	1	KS B 1012-M10
11	스프링 잠금 와셔	SM45C	1	KS B 1324-12
10	오일 실	NBR	1	KS B 2804-26 38 8
9	육각머리볼트	SM45C	4	KS B 1003-M4x12
8	평행키	SM45C	1	KS B 1311-5x5x25
7	리테이닝 링(C형)	SM45C	1	KS B 1336-14x1
6	깊은 홈 볼 베어링	STB2	2	KS B 2023-6003
5	부시	GC200	1	
4	V-벨트 풀리	GC200	1	A형
3	커버	SM45C	1	
2	축	GC200	1	
1	본체			

동력전달장치-1   척도 NS

도 명   동력전달장치-1

본 도면은 V-벨트풀리에서 입력된 회전력을 축을 통해 전달하기 위한 동력전달장치이다. 동력전달장치의 각각 부품의 투상에서 3D 모델링 및 2D 치수기입을 인벤터로 완성한 동영상을 수록하였다. 각 부품의 KS 규격을 적용하는 방법에 관하여 익히고 주요 채점 Point(치수, 공차, 거칠기, 기하공차)를 확인하여 도면에 나타내는 연습을 하도록 한다. 특히 2D 도면의 기본틀을 만드는 영상을 보며 반복 숙달하여, 인벤터를 이용하여 기본틀을 만드는 데 익숙해지도록 연습하자.

인벤터2022

동력전달장치
② 축 3D 모델링
기초부터 차근차근

3강

#일반기계기사 실기
#기계설계산업기사 실기
#전산응용기계제도기능사 실기

| 동영상 해설 강의 |

▶ YouTube 기계도사

인벤터2022

동력전달장치
③ 커버 3D 모델링
기초부터 차근차근

4강

#일반기계기사 실기
#기계설계산업기사 실기
#전산응용기계제도기능사 실기

| 동영상 해설 강의 |

▶ YouTube 기계도사

인벤터2022

동력전달장치
④ V벨트풀리 3D 모델링
기초부터 차근차근

5강

#일반기계기사 실기
#기계설계산업기사 실기
#전산응용기계제도기능사 실기

| 동영상 해설 강의 |

▶ YouTube 기계도사

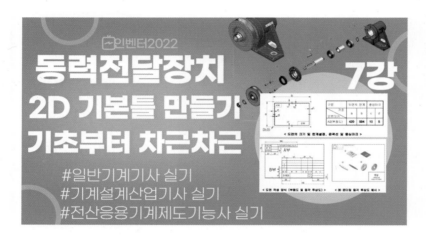

동영상 해설 강의

인벤터2022
동력전달장치
② 축 2D 치수기입
인벤터로 2D를.
9강
#일반기계기사 실기
#기계설계산업기사 실기
#전산응용기계제도기능사 실기
② 축

YouTube 기계도사

동영상 해설 강의

인벤터2022
동력전달장치
③커버 2D 치수기입
인벤터로 2D를.
10강
#일반기계기사 실기
#기계설계산업기사 실기
#전산응용기계제도기능사 실기
③ 커버

YouTube 기계도사

동영상 해설 강의

인벤터2022
동력전달장치
④풀리 2D 치수기입
인벤터로 2D를.
11강
#일반기계기사 실기
#기계설계산업기사 실기
#전산응용기계제도기능사 실기
④V벨트풀리

YouTube 기계도사

교육이란 사람이 학교에서 배운 것을 잊어버린 후에 남은 것을 말한다.

– 알버트 아인슈타인 –

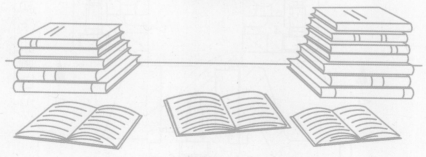

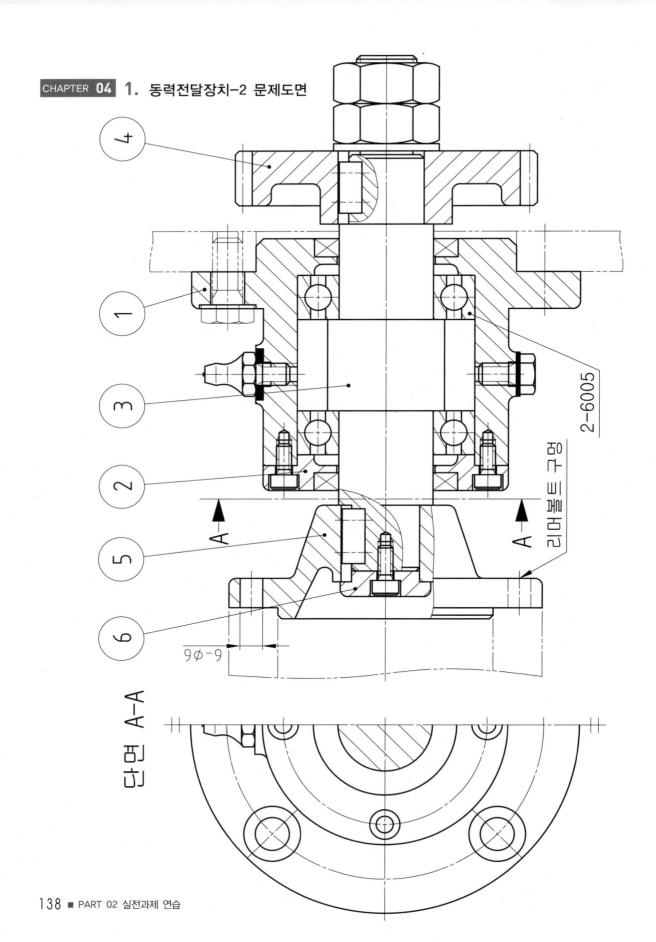

④

①

③

②

⑤

⑥

2-6005

리머볼트 구멍

A

A

9Φ-9

단면 A-A

2. 등각조립도

도 면
도 명

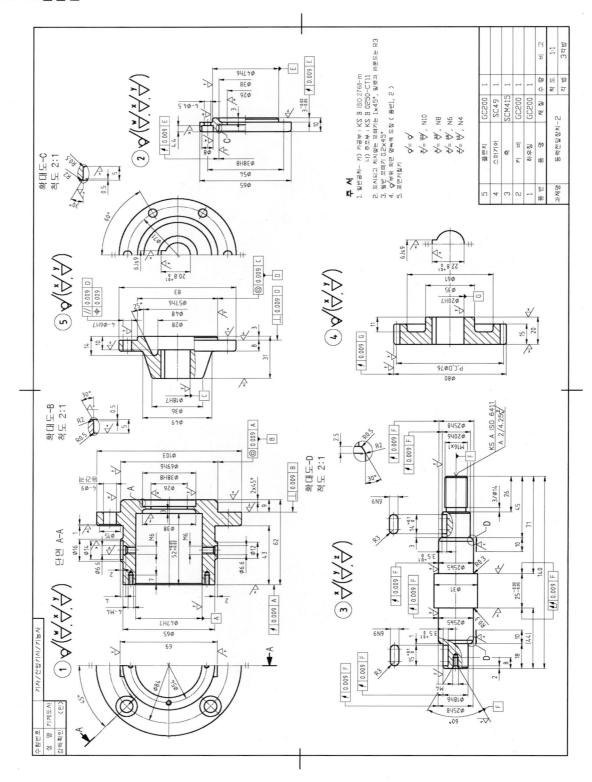

본 도면은 플랜지와 연결되어 회전하는 기계 장치에서 수직 축 방향으로 가해지는 스러스트 하중을 감당해 내면서 회전할 수 있도록 한 보조 장치의 도면이다. 동력전달장치를 투상하는 방법에서부터 각각의 부품을 인벤터로 모델링하고 오토캐드로 치수기입하는 영상을 수록하였다. 각 부품의 도면을 수록하며 해설을 첨부하였으니 도면과 영상을 보며 부품에 대한 이해를 높이도록 한다. 동영상 강의 중에 부품을 모델링 후 질량을 산출하는 영상을 수록하였으니 질량 산출 방법에 대해 학습하고 오토캐드로 거칠기를 만드는 방법이나, 주서와 표제란을 작성하는 방법, 오토캐드로 출력하는 법에 대한 영상을 참고하길 바란다. 또한 동력전달장치를 조립하고 구동하는 영상과 조립 및 분해 영상 제작법, 프리젠테이션 도면 작성법을 수록하였다. 기계도사 학습자료실 (http://bit.ly/machinedosa)에 접속하면 해당 도면의 부품.ipt 파일을 다운로드 할 수 있으니 접속해 보도록 한다.

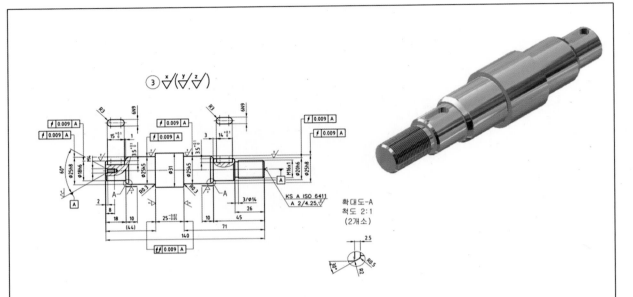

♣해설

- <축>으로서, 본체에 삽입된 볼베어링에 의해 양쪽에서 지지되어 스퍼기어에 입력된 회전력을 그 반대편의 요소에 회전력을 전달하는 역할을 한다.
- 투상도는, 가공상태의 길이 방향으로 뉘여서 키 홈 부분의 특징이 위쪽에 가도록 하여 주투상도를 도시하고 평면도 위치에 키홈의 국부투상도를 배열 한다. 그리고 오일실의 조립부분에 축의 모따기를 나타내고 확대도를 투상하여 나타내준다.
- 양쪽의 센터를 기준으로 하여 베어링이 조립되는 부분과 부품이 조립되는 부위에 흔들림 공차를 기입해준다.

주 서
1. 일반공차- 가) 가공부 : KS B ISO 2768-m
　　　　　나) 주조부 : KS B 0250-CT11
2. 도시되고 지시없는 모떼기는 1×45° 필렛과 라운드는 R3
3. 일반 모떼기 0.2×45°
4. 표면거칠기
　∀=∇, N8
　∀=∇, N6
　∀=∇, N4

3	축	SCM415	1	
품 번	품 명	재 질	수 량	비 고
과제명	동력전달장치-2		척 도	1:1
			각 법	3각법

기사/산업기사/기능사 실기
동력전달장치
축 모델링 👍
KS규격적용 💡

동영상 해설 강의
▶YouTube

기사/산업기사/기능사 실기
동력전달장치
축 치수기입
도면해독 & KS규격적용 💡

동영상 해설 강의
▶YouTube

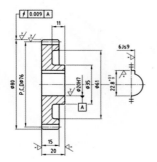

스 퍼 기 어		
구분	품번	④
기 어 치 형		표 준
기 준 랙	치 형	보 통 이
	모 듈	2
	압력각	20˚
잇 수		38
피치원 지름		φ76
전체 이 높이		4.5
다듬질 방법		호 브 절 삭
정 밀 도		KS B 1405, 4급

♣해설

- <스퍼기어>로서, 외부의 스퍼기어로 부터 입력된 회전 운동을 키를 통해서 축에 다시 회전운동을 전달하는 역할을 한다.
- 투상도는, 기어모양이 보이는 원형의 정면도 도시를 생략하고 기어의 반단면을한 좌,우측면도를 정면도로 한다음 키의 홈부를 국부 투상으로 도시해준다.
- 재질은, 열처리소재의 주조로하거나 단조 또는 봉재를 절단하여 기어이를 제외하고 선반가공을 한후, 호빙 머신에이나 수평 밀링 머신에 의해 기어이를 가공한다.
- 안지름을 기준으로 하여 바깥지름에 동심을 규제하기 위한 동심도를 기입한다.

주 서
1. 일반공차- 가) 가공부 : KS B ISO 2768-m
　　　　　　　 나) 주조부 : KS B 0250-CT11
2. 도시되고 지시없는 모떼기는 1x45° 필렛과 라운드는 R3
3. 일반 모떼기 0.2x45°
4. 기부 열처리 H₉C50 (품번 4)
5. 표면거칠기

$\sqrt{} = \sqrt{}$

$\sqrt[x]{} = \sqrt[y]{}$, N8

$\sqrt[x]{} = \sqrt[y]{}$, N6

4	스퍼기어	SC49	1	
품 번	품 명	재 질	수 량	비 고
과제명	동력전달장치-2		척 도	1 : 1
			각 법	3각법

기사/산업기사/기능사 실기
동력전달장치
기어 모델링 👍
KS규격적용 💡

▶YouTube

기사/산업기사/기능사 실기
동력전달장치
기어 치수기입
KS규격적용 💡

▶YouTube

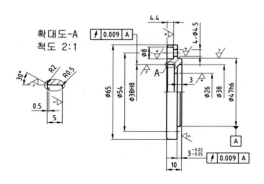

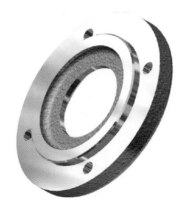

② ✓(✓/✓/✓)

확대도-A
척도 2:1

주 서
1. 일반공차- 가) 가공부 : KS B ISO 2768-n
   나) 주조부 : KS B 0250-CT11
2. 도시되고 지시없는 모떼기는 1x45° 필렛과 라운드는 R3
3. 일반 모떼기 0.2x45°
4. ✓부위 외면 명녹색 도장 (품번 2)
5. 표면거칠기

✓ = ✓

✓ = ✗, N10

✓ = ✗, N8

✓ = ✗, N6

2	커버	GC200	1	
품 번	품 명	재 질	수 량	비 고
과제명	동력전달장치-2	척 도	1:1	
		각 법	3각법	

♣해설

• <커버>로서, 하우징과 조립된 볼베어링을 눌러주고 고정 해주는 역할을 한다.
  또한 기름이 새는것을 방지하기 위해 오일실구멍을 만들어준다.
  투상도는, 원형의 정면도 도시를 생략하고 좌,우측면도를 기입하여주고.
• 오일실 구멍부를 확대도로 투상해준다.
  하우징과 조립되는 부위를 기준으로 하여 오일실 구멍에 흔들림을 기입해주고
• 볼베어링과 접촉하는 곳도 흔들림 공차를 기입해준다.

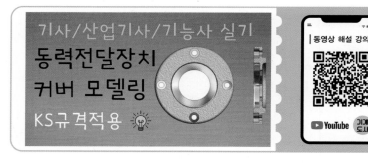

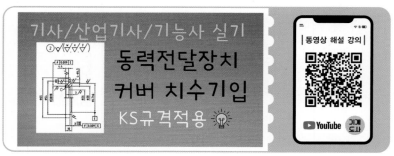

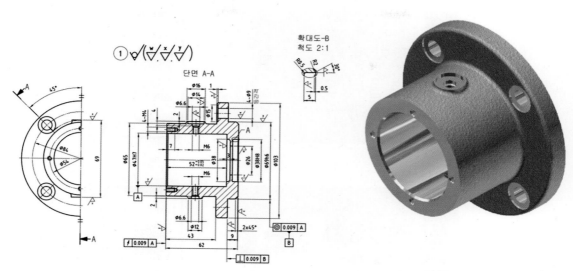

♣ 해 설

- <하우징>으로서, 안지름에 베어링이 조립되기 때문에 정밀 가공을 해준다음, 베어링이 조립되는 안지름을 기준으로하여 하우징과 바닥면이 조립되는 축부, 오일실의 구멍을 정밀하게 가공 해준다.
- 투상도는, 원형의 모양으로 되시되는 쪽을 반 투상으로 정면도로 선택하고, 바깥지름 을 모양을 기준으로 하여 반 단면한 우측면도 뽑아준다음 우측면도 오일실 부위를 확대도로 표현해준다.
- 재질은 주조물하여 주로 선반 가공과 드릴링, 태핑 가공을 하게되며 도장처리를 한다.
- 베어링이 조립되는 기준으로 베어링과 관련된 면에 흔들림 공차를 기입, 하우징과 바닥면이 조립되는 축부분에 흔들림 공차를 기입한다. 그리고 오일실 부위에도 흔들림 공차를 기입해준다.

주 서
1. 일반공차- 가) 가공부 : KS B ISO 2768-m
   나) 주조부 : KS B 0250-CT11
2. 도시되고 지시않는 모떼기는 1×45° 필렛과 라운드는 R3
3. 일반 모떼기 0.2×45°
4. ∀ 부위 외면 명녹색 도장 (품번 1)
5. 표면거칠기

1	하우징	GC200	1	
품 번	품 명	재 질	수 량	비 고
과제명	동력전달장치-2		척 도	1 : 1
			각 법	3각법

기사/산업기사/기능사 실기
동력전달장치
본체 모델링 👍
KS규격적용 💡

동영상 해설 강의
▶ YouTube 기계도사

기사/산업기사/기능사 실기
동력전달장치
하우징 치수기입
도면해독 & KS규격적용 💡

동영상 해설 강의
▶ YouTube 기계도사

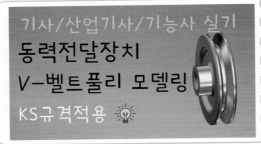

기사/산업기사/기능사 실기
동력전달장치
V-벨트풀리 모델링
KS규격적용

동영상 해설 강의
▶YouTube 기계도사

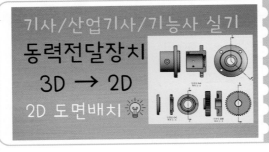

기사/산업기사/기능사 실기
동력전달장치
3D → 2D
2D 도면배치

동영상 해설 강의
▶YouTube 기계도사

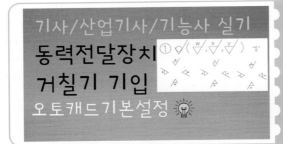

기사/산업기사/기능사 실기
동력전달장치
거칠기 기입
오토캐드기본설정

동영상 해설 강의
▶YouTube 기계도사

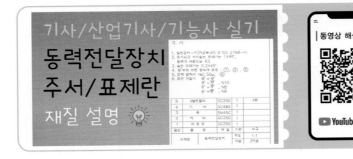

기사/산업기사/기능사 실기
동력전달장치
주서/표제란
재질 설명

동영상 해설 강의
▶YouTube 기계도사

기사/산업기사/기능사 실기

치수기입 핵꿀팁 💡
도면에 치수기입할 때
30분 시간 줄이기

기사/산업기사/기능사 실기

오토캐드 출력 💡

2D 프린트 완벽정리

기사/산업기사/기능사 실기

인벤터 도면배치
질량 해석
3D 출력 💡

인벤터 조립(어셈블리) 강좌
동력전달장치
조립.iam
인벤터파일제공

동영상 해설 강의
▶ YouTube 기계도사

인벤터 구동(동영상) 강좌
동력전달장치
구동.avi
인벤터파일제공

동영상 해설 강의
▶ YouTube 기계도사

인벤터 프리젠테이션(동영상) 강좌
동력전달장치
분해.ipn
인벤터파일제공

동영상 해설 강의
▶ YouTube 기계도사

인벤터 프리젠테이션(도면화) 강좌
동력전달장치
분해.idw
인벤터파일제공

동영상 해설 강의
▶ YouTube 기계도사

우리 인생의 가장 큰 영광은 결코 넘어지지 않는 데 있는 것이 아니라

넘어질 때마다 일어서는 데 있다.

− 넬슨 만델라 −

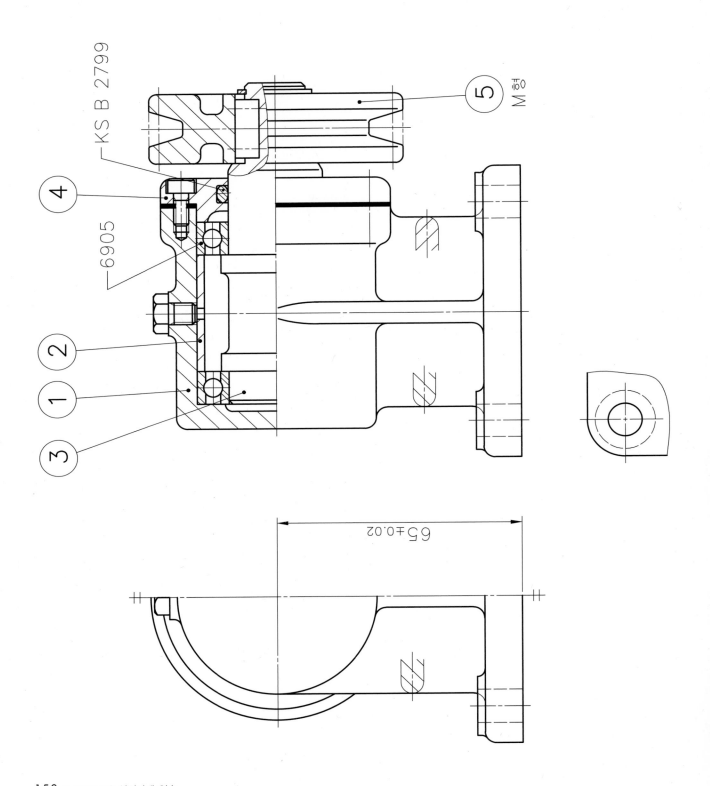

2. 등각조립도

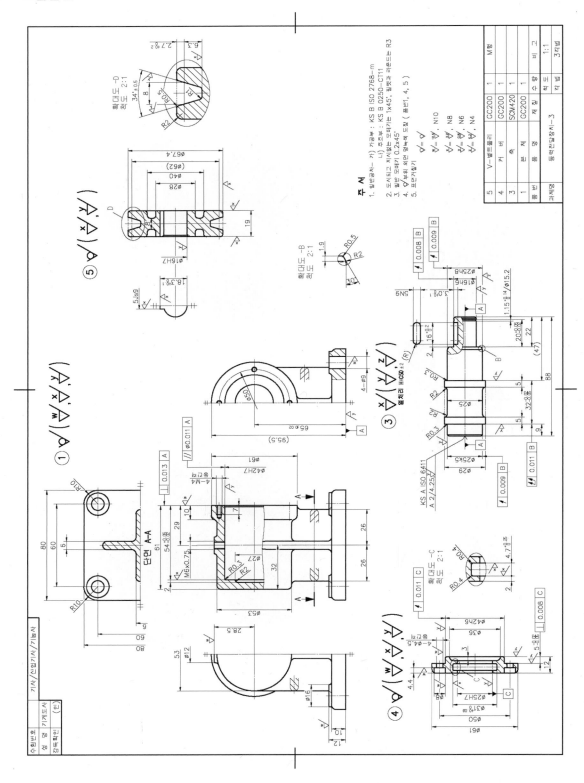

4. 2D 채점 Point

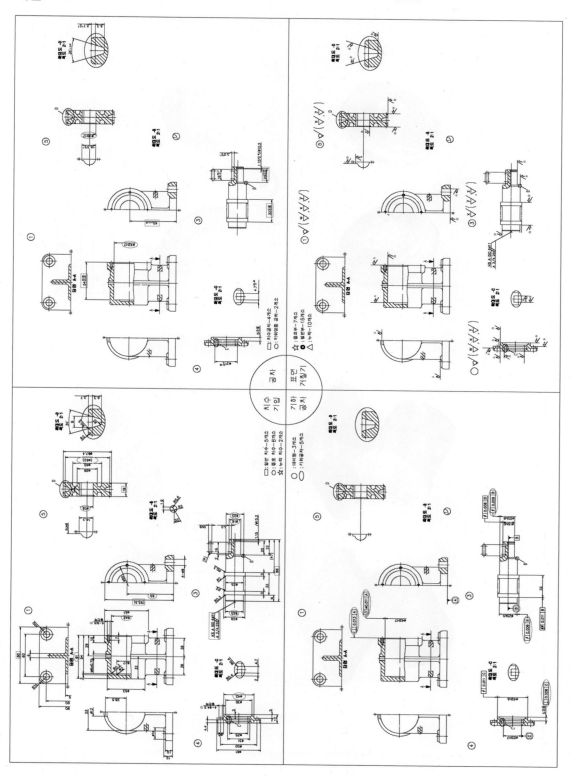

5. 3D 모범답안

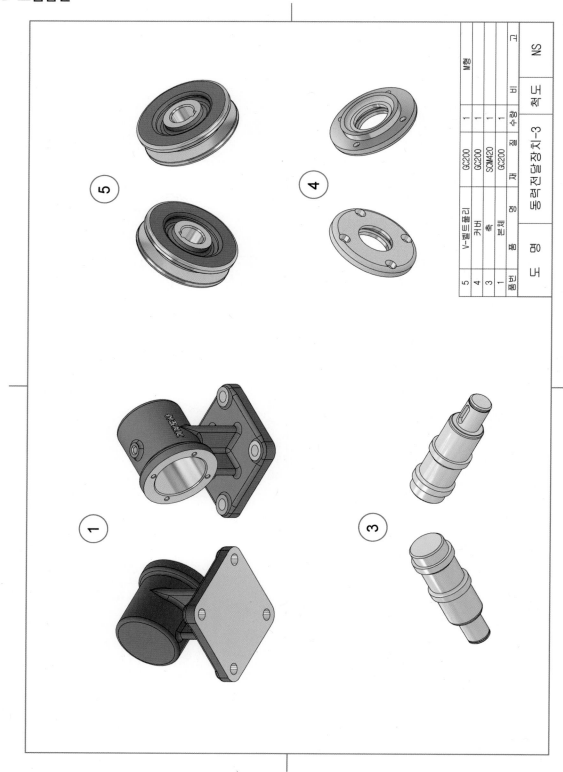

품번	품명	재 질	수량	비 고
5	V-벨트풀리	GC200	1	
4	커버	GC200	1	
3	축	SCM420	1	
1	본체	GC200	1	M형

동력전달장치-3		
척도	NS	

6. 3D 등각분해도

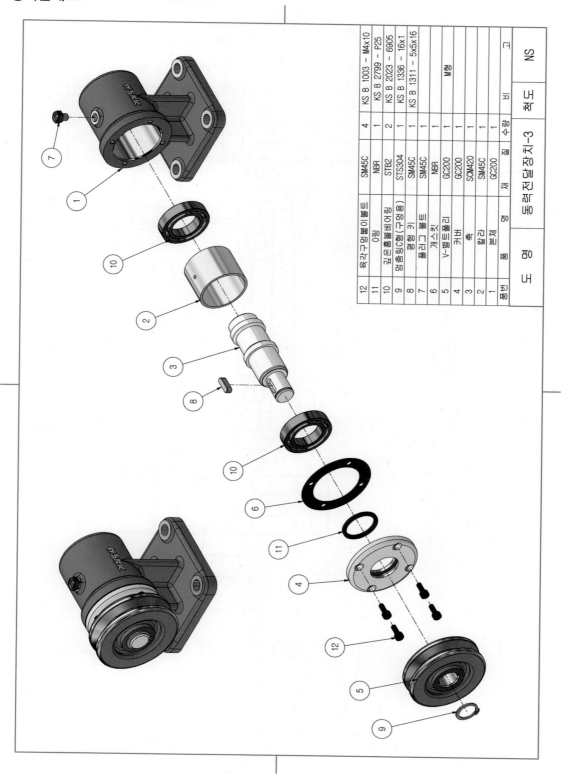

품번	품명	재질	수량	비고	동력전달장치-3
12	육각구멍붙이볼트	SM45C	4	KS B 1003 - M4x10	
11	O링	NBR	1	KS B 2799 - P25	
10	깊은홈볼베어링	STB2	2	KS B 2023 - 6905	
9	멈춤링(C형)(구멍용)	STS304	1	KS B 1336 - 16x1	
8	평행키	SM45C	1	KS B 1311 - 5x5x16	
7	플랜지 볼트	SM45C	1		
6	개스킷	NBR	1		
5	V-벨트풀리	GC200	1	M형	
4	커버	GC200	1		
3	축	SCM420	1		
2	칼라	SM45C	1		
1	본체	GC200	1		

도 명 : 동력전달장치-3   척도 : NS

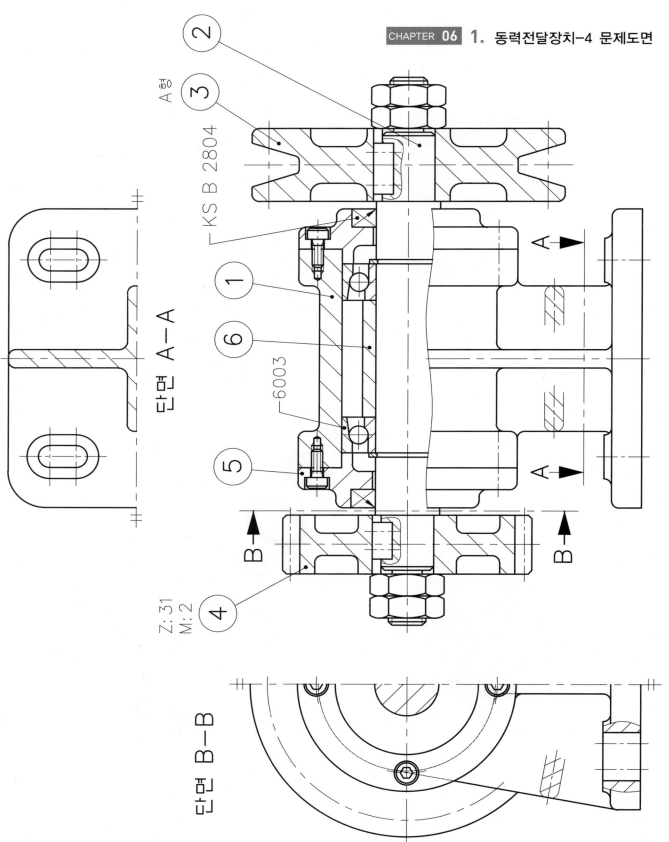

A향

KS B 2804

단면 A-A

6003

Z: 31
M: 2

단면 B-B

2. 등각조립도

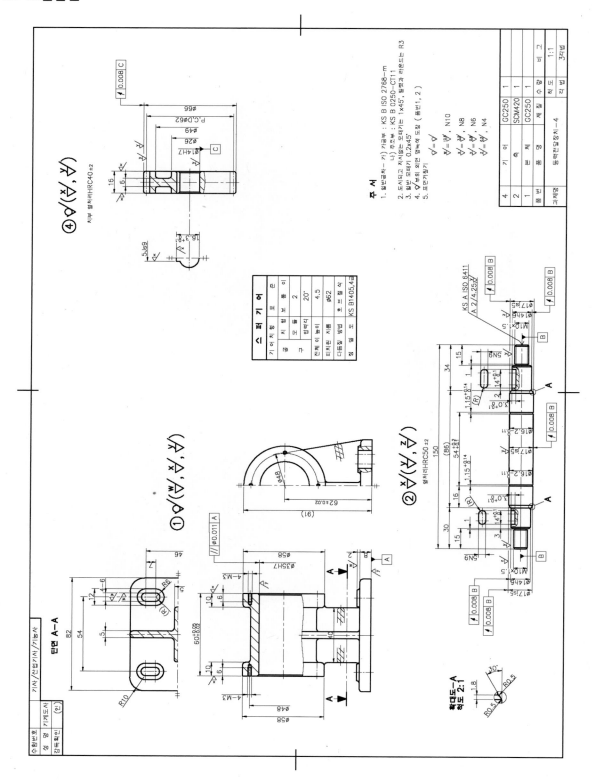

4. 2D 채점 Point

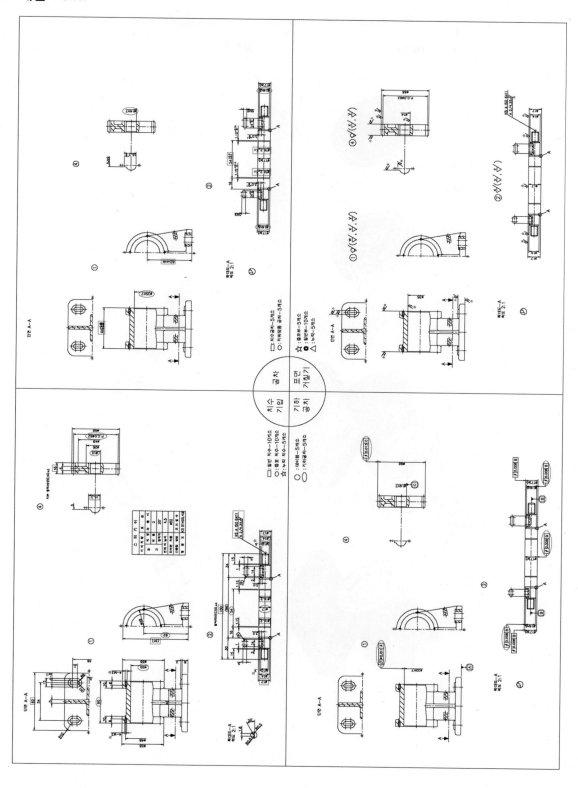

5. 3D 모범답안

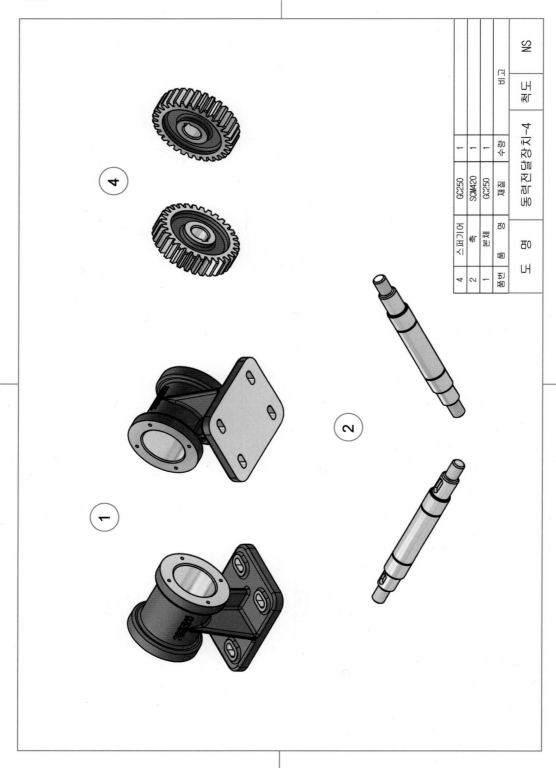

품번	품명	재질	수량	비고
4	스퍼기어	GC250	1	
2	축	SCM420	1	
1	본체	GC250	1	

동력전달장치-4

척도 NS

6. 3D 등각분해도

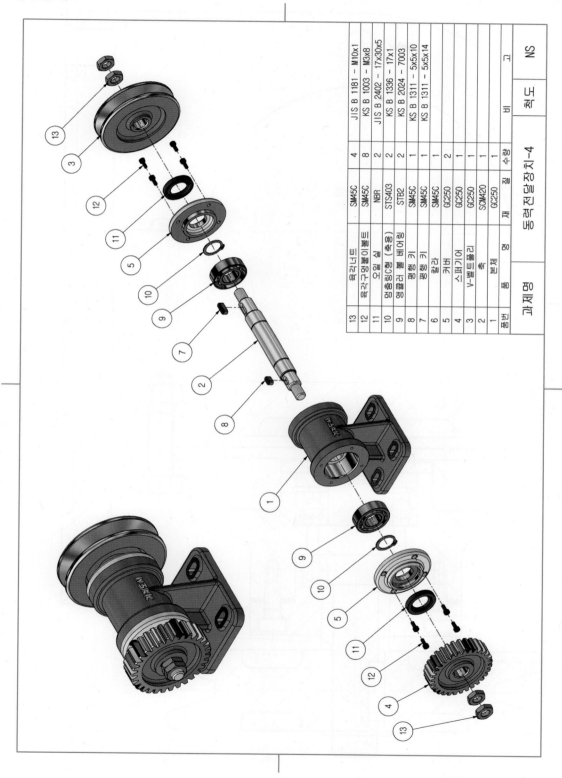

품번	품명	재질	수량	비고	과제명	척도	NS
13	육각너트	SM45C	4	JIS B 1181 - M10x1			
12	육각구멍붙이볼트	SM45C	8	KS B 1003 - M3x8			
11	오일실	NBR	2	JIS B 2402 - 17x30x5			
10	앵귤러C형 (축용)	STS403	2	KS B 1336 - 17x1	동력전달장치-4		
9	앵귤러 볼 베어링	STB2	2	KS B 2024 - 7003			
8	평행 키	SM45C	1	KS B 1311 - 5x5x10			
7	평행 키	SM45C	1	KS B 1311 - 5x5x14			
6	칼라	GC250	1				
5	커버	GC250	2				
4	스퍼기어	GC250	1				
3	V-벨트풀리	SCM420	1				
2	축	GC250	1				
1	본체						

6002

A향

162

2. 등각조립도

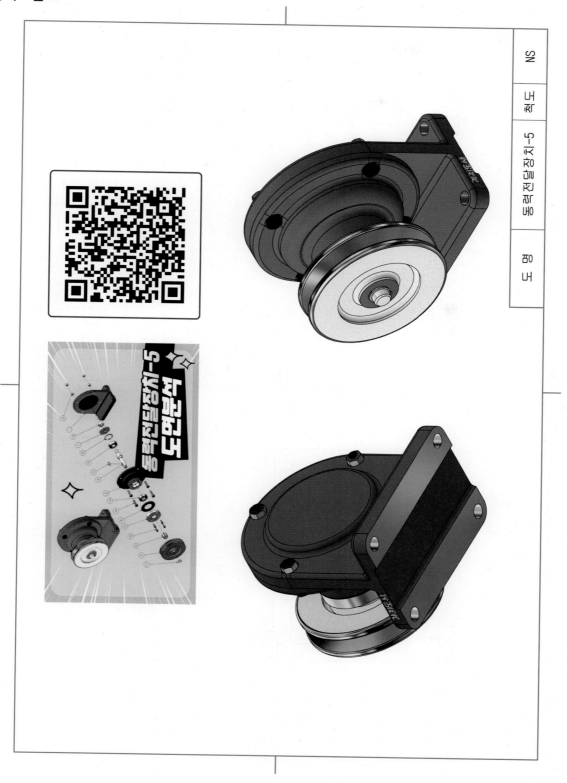

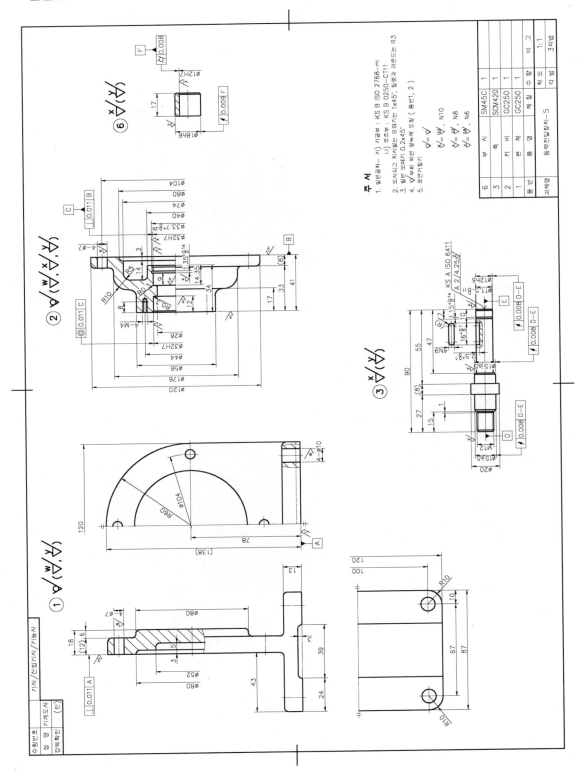

4. 2D 채점 Point

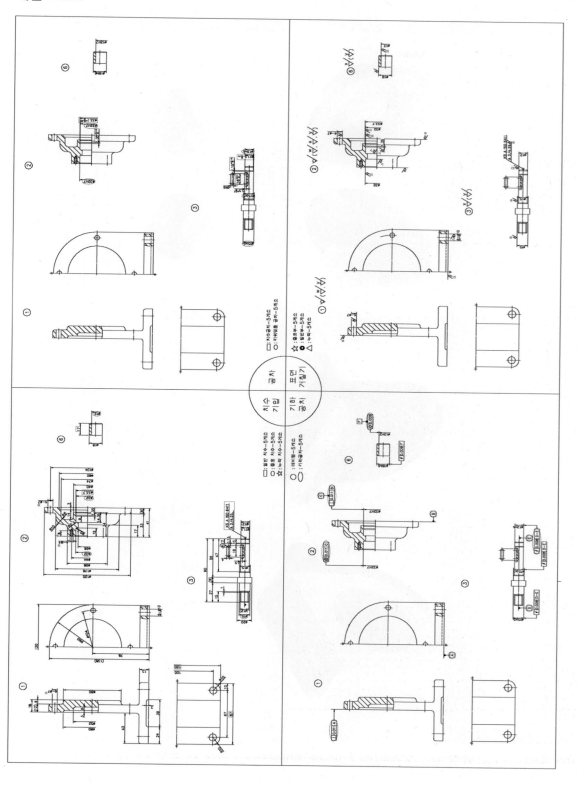

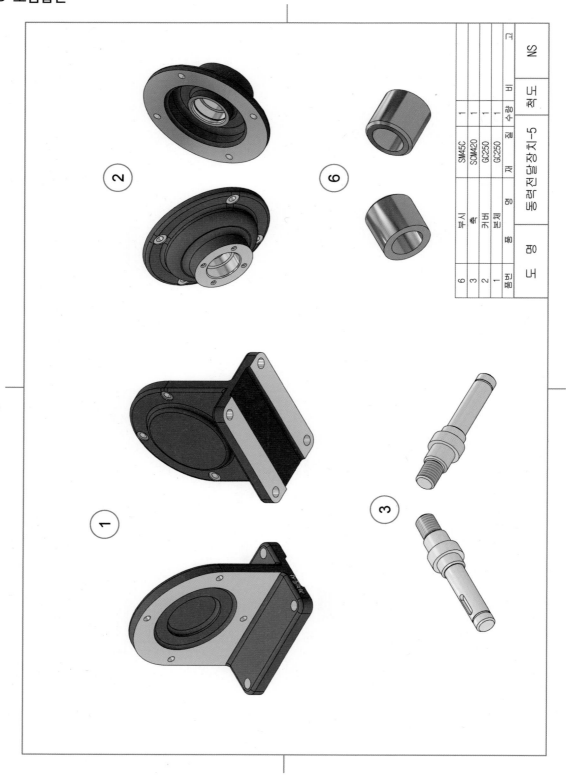

품번	품명	재질	수량	비고
6	부시	SM45C	1	
3	축	SCM420	1	
2	커버	GC250	1	
1	본체	GC250	1	

동력전달장치-5　척도 NS

6. 3D 등각분해도

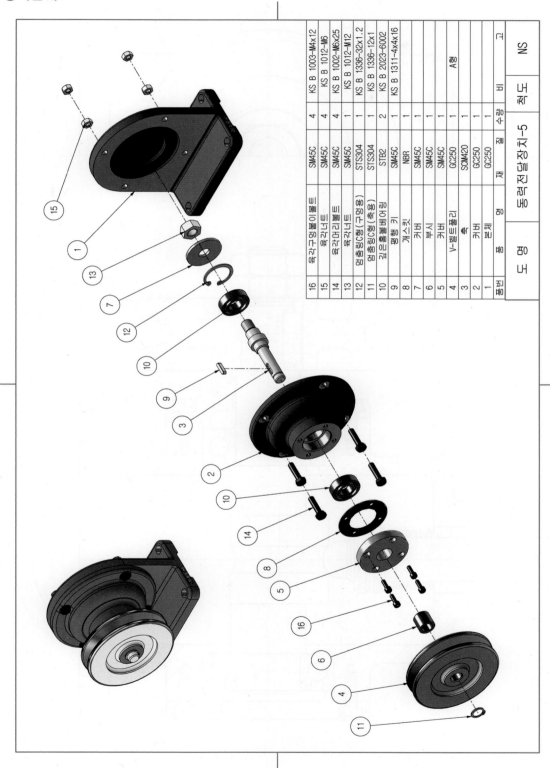

품번	품 명	재 질	수량	비 고
16	육각구멍붙이볼트	SM45C	4	KS B 1003-M4x12
15	육각너트	SM45C	4	KS B 1012-M6
14	육각머리볼트	SM45C	4	KS B 1002-M6x25
13	육각너트	SM45C	1	KS B 1012-M12
12	멈춤링C형(구멍용)	STS304	1	KS B 1336-32x1.2
11	멈춤링C형(축용)	STS304	1	KS B 1336-12x1
10	깊은홈볼베어링	STB2	2	KS B 2023-6002
9	평행키	SM45C	1	KS B 1311-4x4x16
8	개스킷	NBR	1	
7	커버	SM45C	1	
6	부시	SM45C	1	
5	커버	SM45C	1	
4	V-벨트풀리	GC250	1	A형
3	축	SCM420	1	
2	커버	GC250	1	
1	본체	GC250	1	
품번	품 명	재 질	수량	비 고

도 면: 동력전달장치-5

척 도: NS

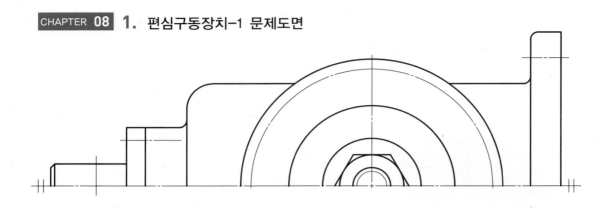

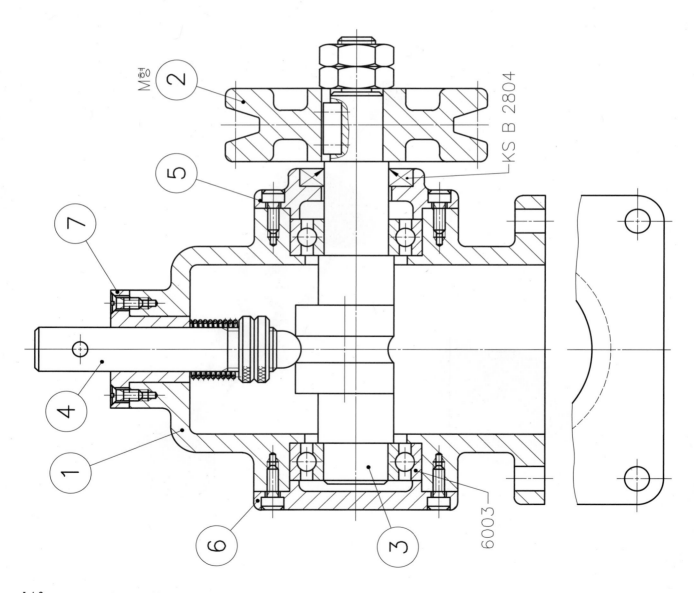

2. 등각조립도

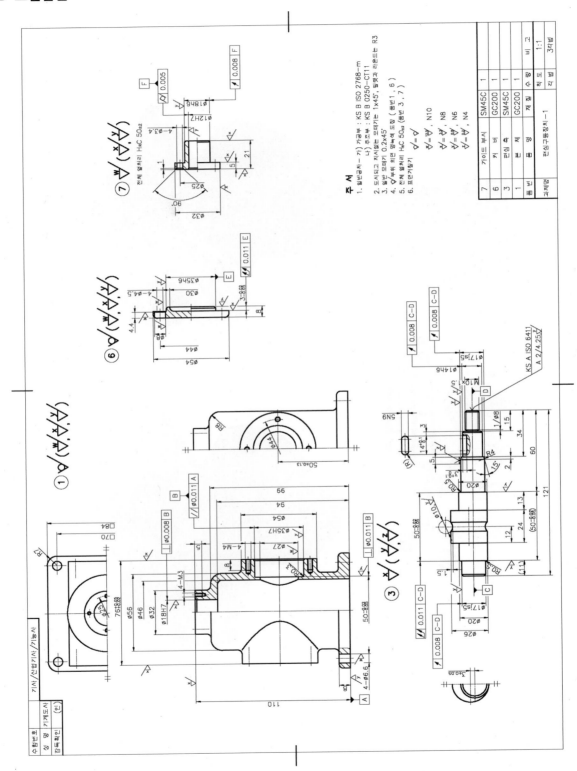

4. 2D 채점 Point

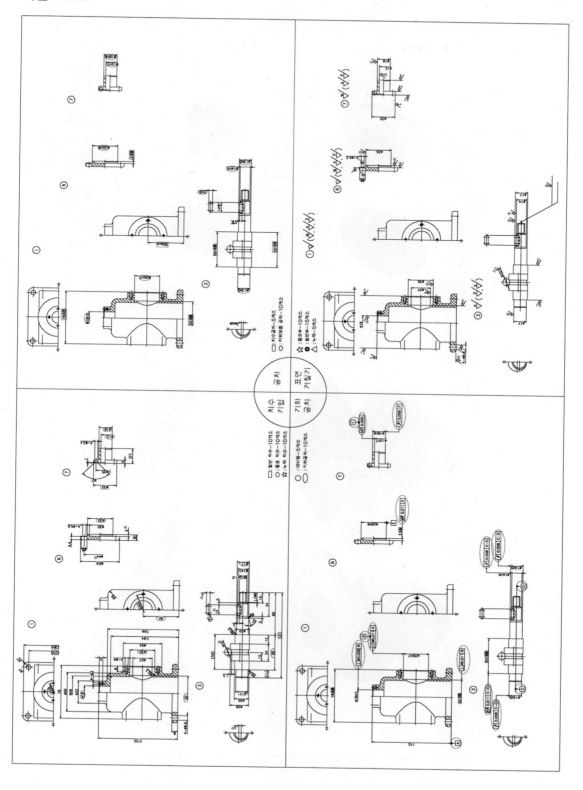

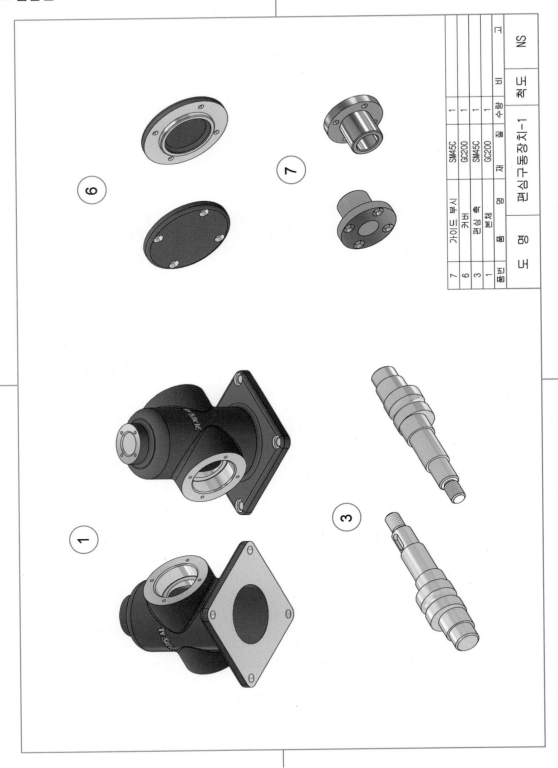

품번	품명		재질	수량	비고
1	본체		GC200	1	
3	편심축		SM45C	1	
6	커버		GC200	1	
7	가이드부시		SM45C	1	

도명	편심구동장치-1	척도	NS

6. 3D 등각분해도

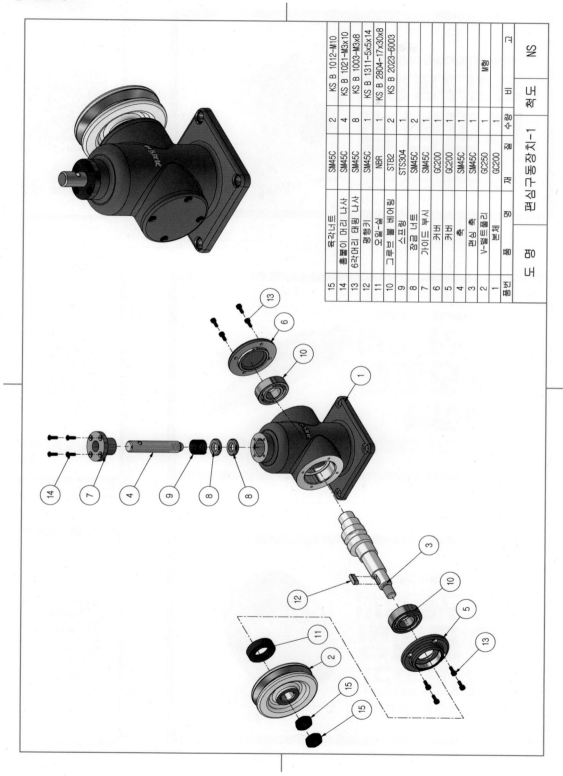

품번	품 명	재 질	수량	비 고
15	록크너트	SM45C	2	KS B 1012-M10
14	홈붙이 머리 나사	SM45C	4	KS B 1021-M3x10
13	6각머리 태핑 나사	SM45C	8	KS B 1003-M3x8
12	평행키	SM45C	1	KS B 1311-5x5x14
11	오일 실	NBR	1	KS B 2804-17x30x8
10	그루브 볼 베어링	STB2	2	KS B 2023-6003
9	스프링	STS304	1	
8	잠금 너트	SM45C	2	
7	가이드 부시	SM45C	1	
6	커버	GC200	1	
5	커버	GC200	1	
4	축	SM45C	1	
3	편심 축	SM45C	1	M형
2	V-벨트 풀리	GC250	1	
1	본체	GC200	1	

편심구동장치-1

척도 NS

얼마나 많은 사람들이 책 한권을 읽음으로써

인생에 새로운 전기를 맞이했던가.

– 헨리 데이비드 소로 –

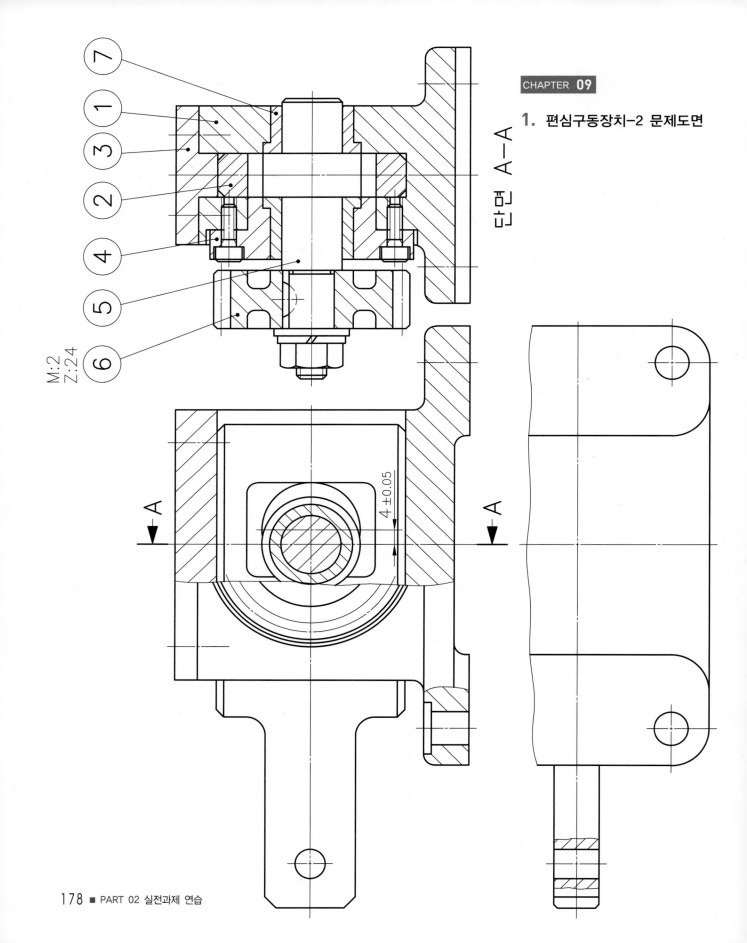

CHAPTER 09

1. 편심구동장치-2 문제도면

단면 A-A

M:2
Z:24

4±0.05

A

A

A

2. 등각조립도

편심구동장치-2

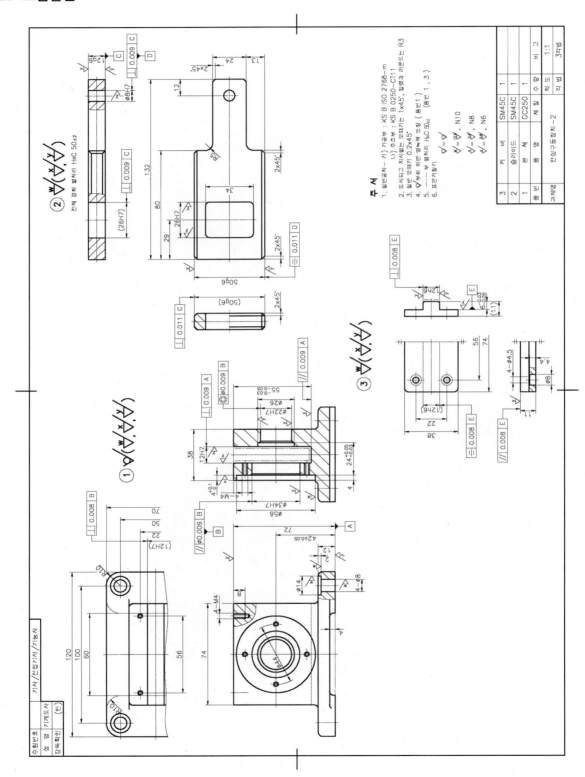

4. 2D 채점 Point

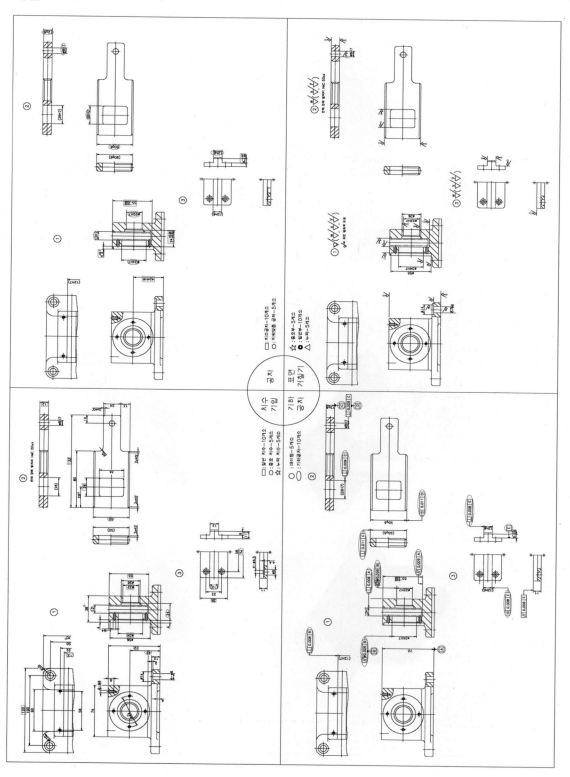

5. 3D 모범답안

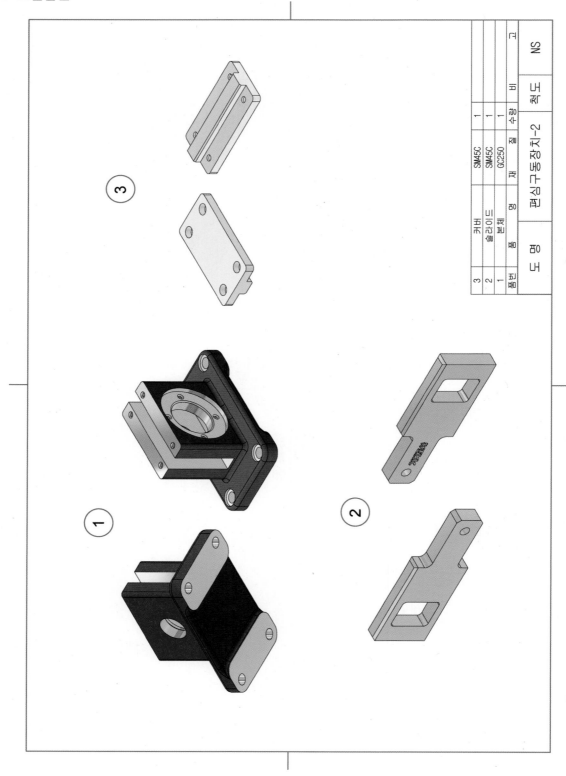

품번	품명		재질	수량	비 고
3	커버		SM45C	1	
2	슬라이드		SM45C	1	
1	본체		GC250	1	
품번	품 명		재 질	수량	비 고

도 명	편심구동장치-2	척도	NS

6. 3D 등각분해도

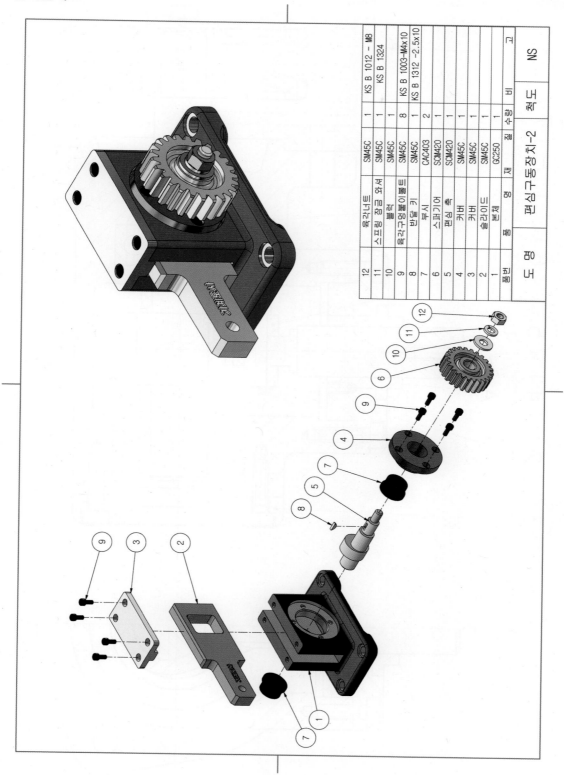

품번	품명	재질	수량	비고	
12	육각너트	SM45C	1	KS B 1012 – M8	
11	스프링장금 와셔	SM45C	1	KS B 1324	
10	플랜지	SM45C	8		
9	육각구멍붙이볼트	SM45C	8	KS B 1003-M4x10	
8	반달 키	SM45C	1	KS B 1312 -2.5x10	
7	부시	CAC403	2		
6	스퍼기어	SCM420	1		
5	편심축	SCM420	1		
4	커버	SM45C	1		
3	커버	SM45C	1		
2	슬라이드	SM45C	1		
1	본체	GC250	1		

편심구동장치-2 척도 NS

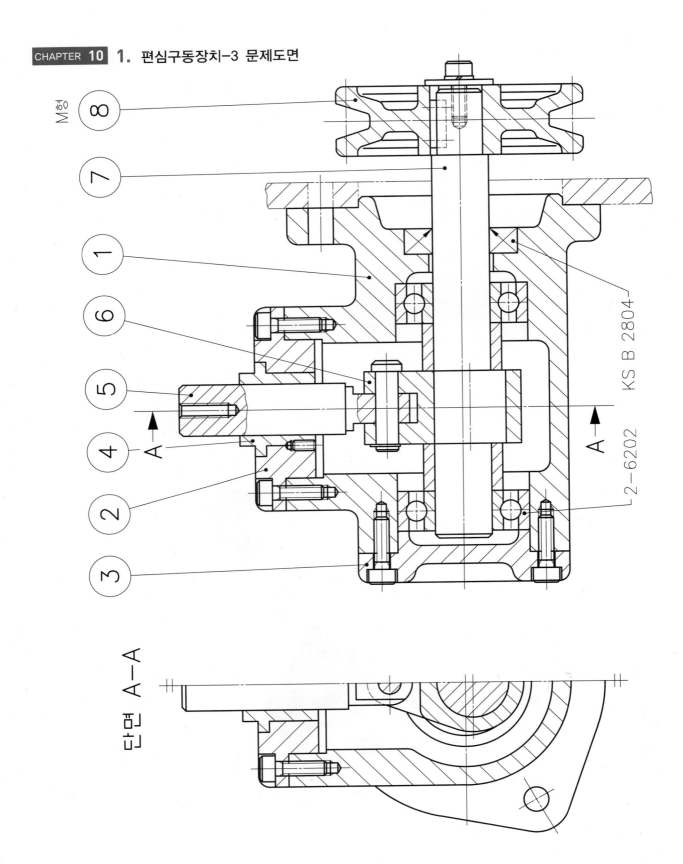

M형

KS B 2804

2-6202

단면 A-A

2. 등각조립도

3. 2D 모범답안

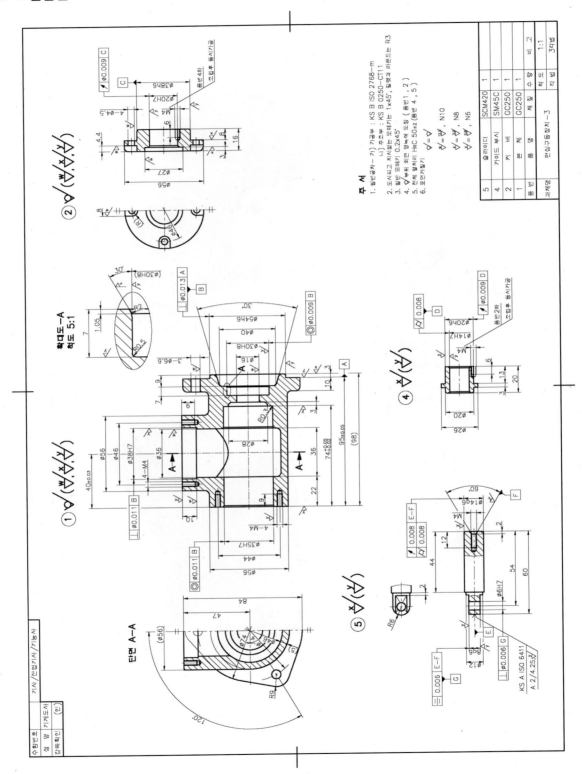

4. 2D 채점 Point

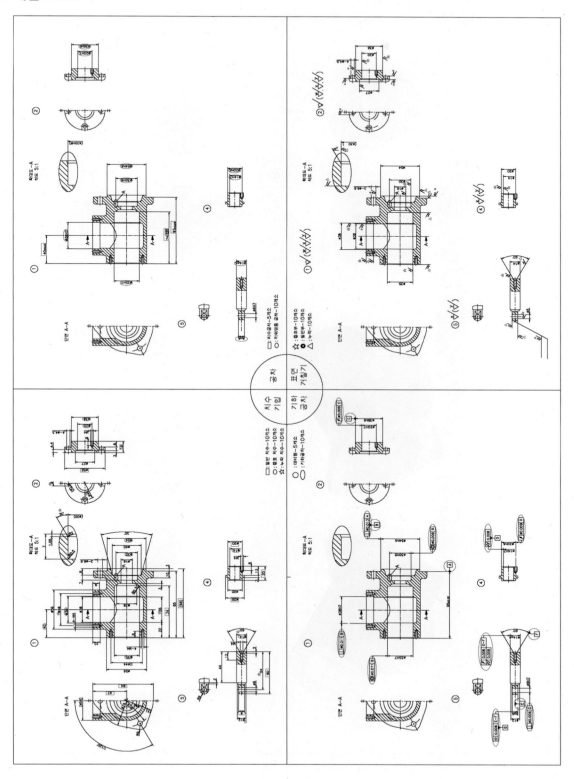

5. 3D 모범답안

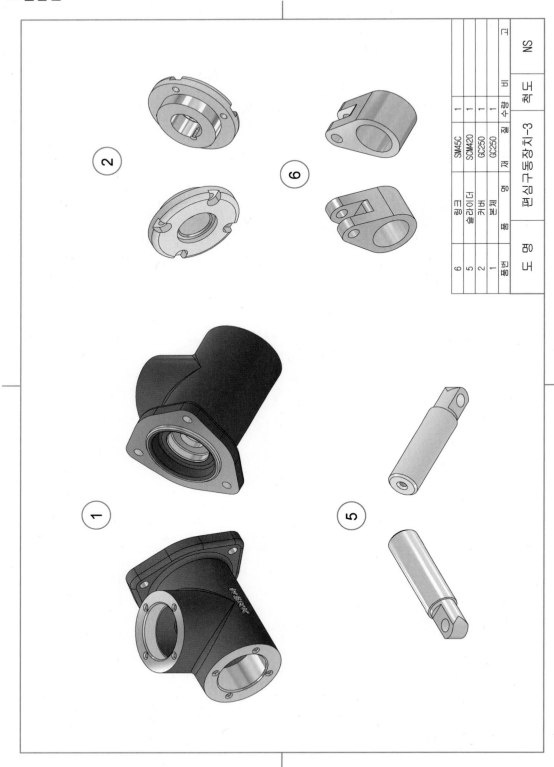

품번	품 명	재 질	수량	비 고
6	링크	SM45C	1	
5	슬라이더	SCM420	1	
2	커버	GC250	1	
1	본체	GC250	1	

도 명	편심구동장치-3	척 도	NS

6. 3D 등각분해도

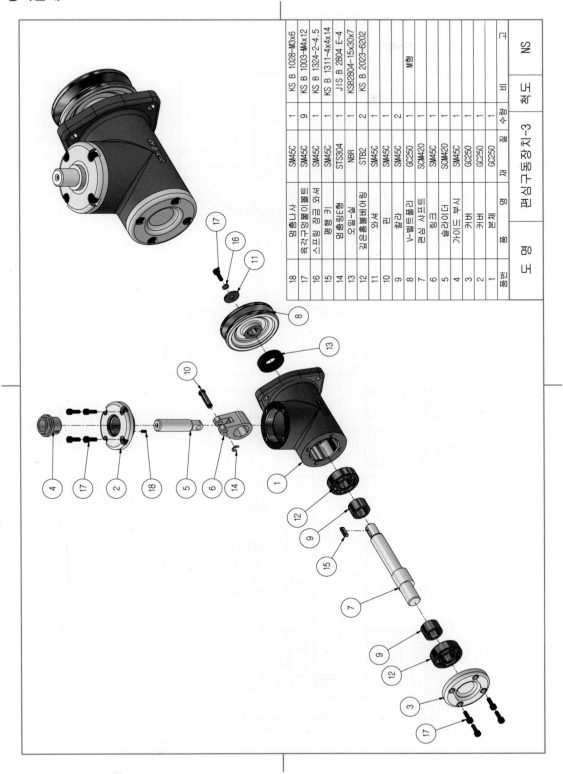

품번	품 명	재 질	수량	비 고
18	멈춤나사	SM45C	1	KS B 1028-M3x6
17	육각구멍붙이볼트	SM45C	9	KS B 1003-M4x12
16	스프링 잠금 와셔	SM45C	1	KS B 1324-2-4.5
15	평행 키	SM45C	1	KS B 1311-4x4x14
14	멈춤링E형	STS304	1	JIS B 2804 E-4
13	오일-실	NBR	1	KSB2804-15x30x7
12	깊은홈볼베어링	STB2	2	KS B 2023-6202
11	와셔	SM45C	1	
10	핀	SM45C	2	
9	칼라	GC250	1	
8	V-벨트풀리	SCM420	1	M형
7	편심 샤프트	SM45C	1	
6	링크	SCM420	1	
5	가이드 부시	SM45C	1	
4	커버	GC250	1	
3	커버	GC250	1	
2	본체	GC250	1	
도 명		편심구동장치-3	척 도	NS

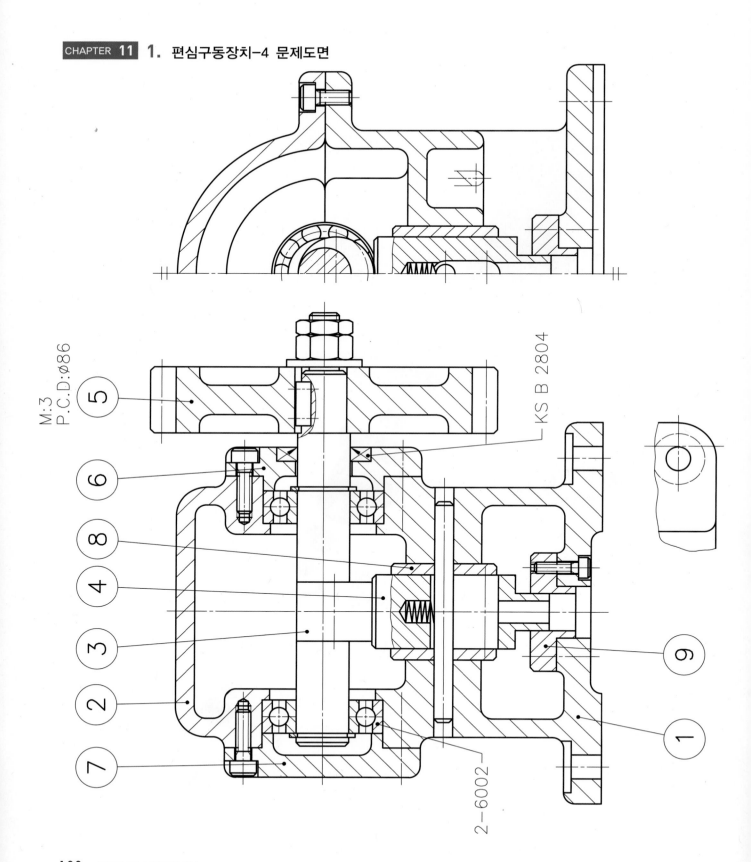

M:3
P.C.D.⌀86

KS B 2804

2-6002

2. 등각조립도

3. 2D 모범답안

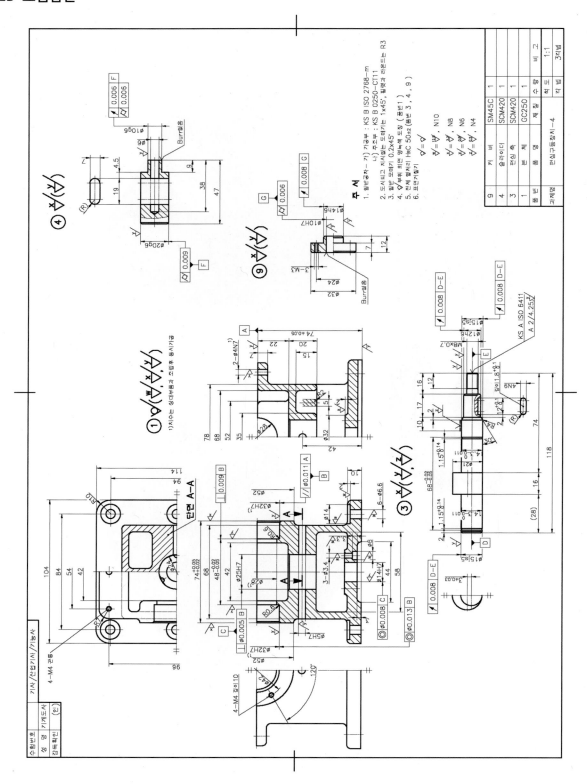

4. 2D 채점 Point

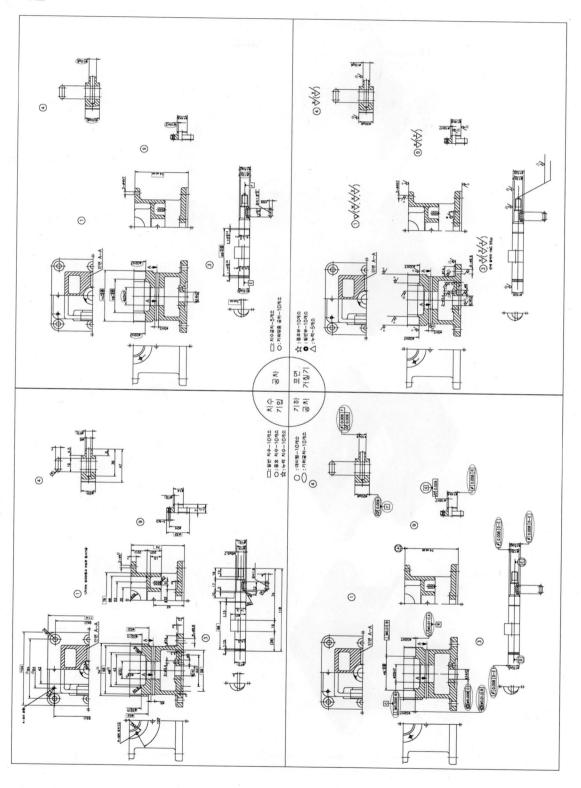

5. 3D 모범답안

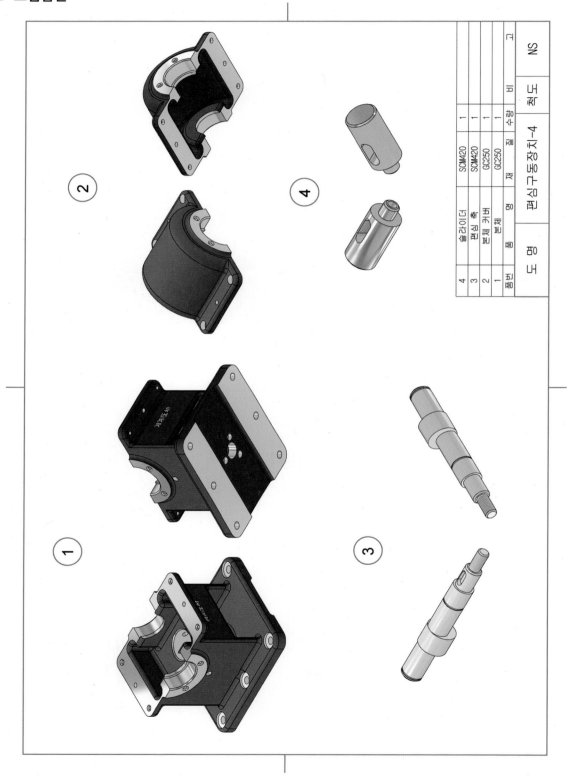

품번	품명	재질	수량	비고
4	슬라이더	SCM420	1	
3	편심 축	SCM420	1	
2	본체 커버	GC250	1	
1	본체	GC250	1	
품번	품명	재질	수량	비고

도 명: 편심구동장치-4   척도: NS

6. 3D 등각분해도

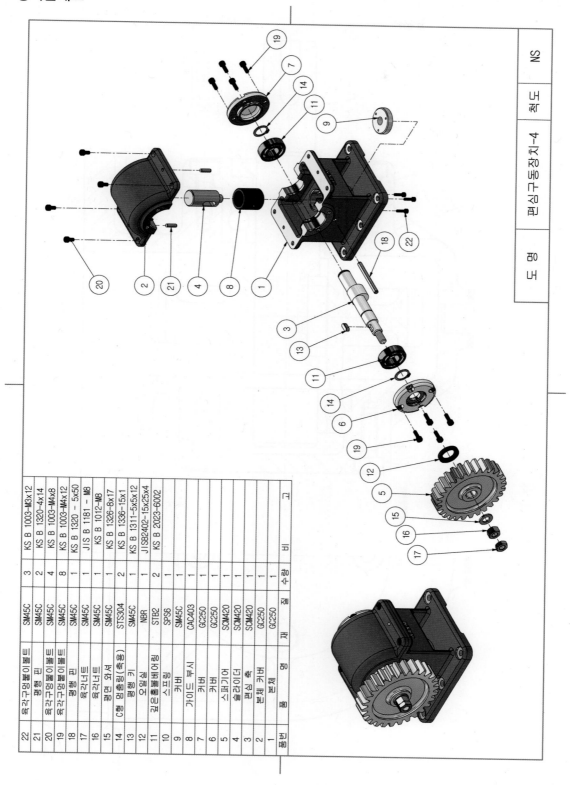

품번	품명	재질	수량	비고
22	육각구멍붙이볼트	SM45C	3	KS B 1003-M3x12
21	평행핀	SM45C	2	KS B 1320-4x14
20	육각구멍붙이볼트	SM45C	4	KS B 1003-M4x8
19	육각구멍붙이볼트	SM45C	8	KS B 1003-M4x12
18	평행핀	SM45C	1	KS B 1320 – 5x50
17	육각너트	SM45C	1	JIS B 1181 – M8
16	육각너트	SM45C	1	KS B 1012-M8
15	평판 와셔	STS304	1	KS B 1326-8x17
14	C형 멈춤링(축용)	SM45C	2	KS B 1336-15x1
13	평행 키	NBR	1	KS B 1311-5x5x12
12	오일실	STB2	2	JISB2402-15x25x4
11	스프링	SP96	1	KS B 2023-6002
10	커버	SM45C	1	
9	가이드 부시	CAC403	1	
8	커버	GC250	1	
7	커버	GC250	1	
6	스퍼기어	SCM420	1	
5	슬라이더	SCM420	1	
4	편심 축	SCM420	1	
3	본체 커버	GC250	1	
2	본체	GC250	1	
1				

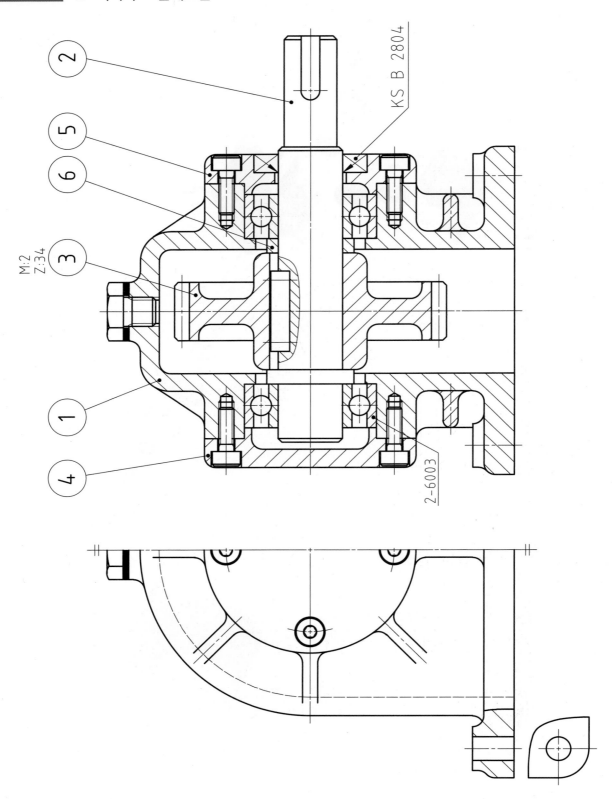

KS B 2804

M:2
Z:34

2-6003

2. 등각조립도

3. 2D 모범답안

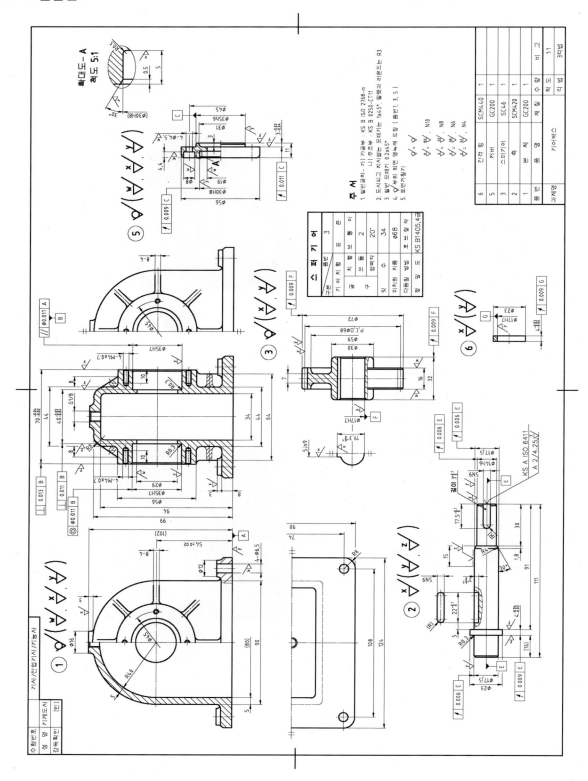

4. 2D 채점 Point

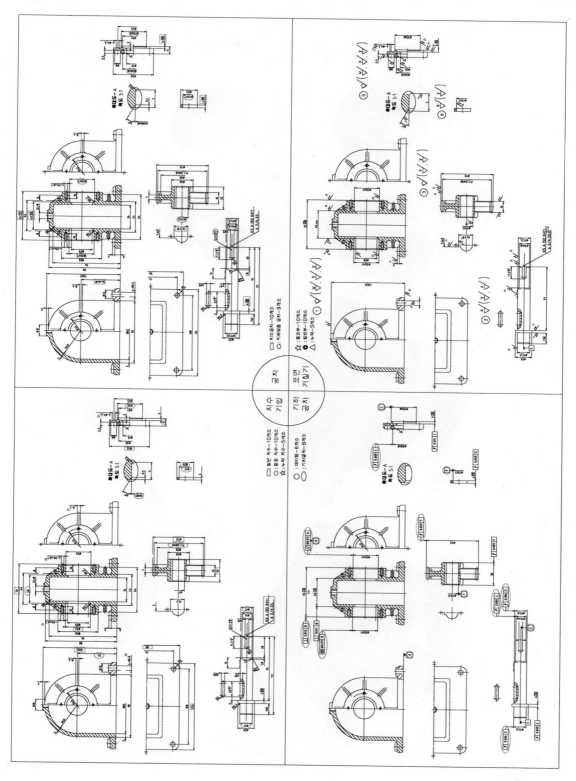

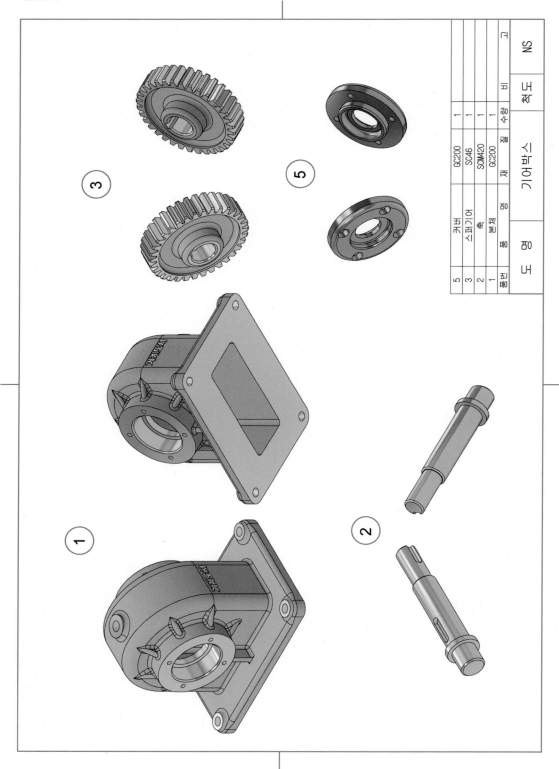

5	3	2	1	품번	도	명	기어박스		척도	NS
커버	스퍼기어	축	본체	품명				수량	비고	
GC200	SC46	SCM420	GC200	재질				1		
								1		

6. 3D 등각분해도

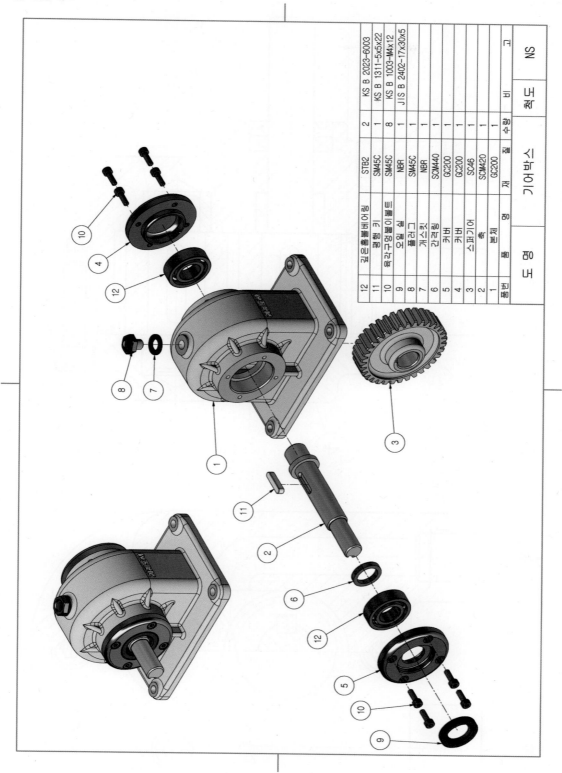

품번	품명	재질	수량	비고	
12	깊은홈볼베어링	STB2	2		KS B 2023-6003
11	평행 키	SM45C	1		KS B 1311-5x5x22
10	육각구멍붙이볼트	SM45C	8		KS B 1003-M4x12
9	오일실	NBR	1		JIS B 2402-17x30x5
8	플러그	SM45C	1		
7	개스킷	NBR	1		
6	간격링	SCM440	1		
5	커버	GC200	1		
4	커버	GC200	1		
3	스퍼기어	SC46	1		
2	축	SCM420	1		
1	본체	GC200	1		
품번	품명	재질	수량	척도	NS
		기어박스			

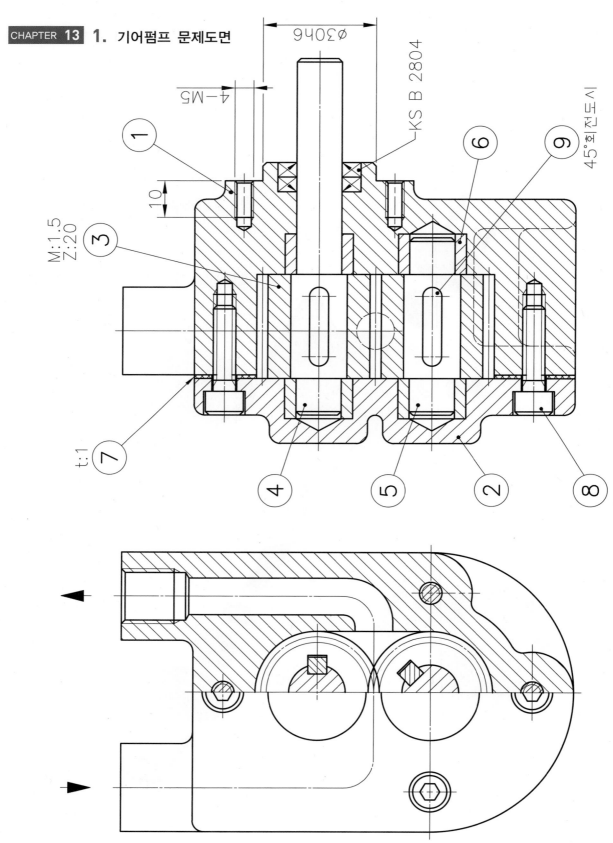

2. 등각조립도

3. 2D 모범답안

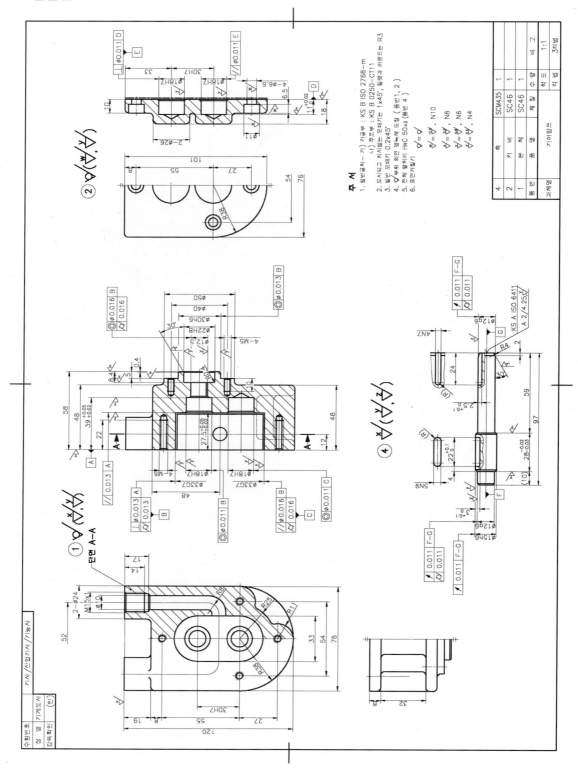

주 서

1. 일반공차 - 가) 가공부 : KS B ISO 2768-m
   나) 주조부 : KS B 0250-CT11
2. 도시되고 지시없는 모떼기는 1x45°, 필렛과 라운드는 R3
3. 일반 모떼기 0.2x45°
4. ▽부위 외면 명록색 도장 (품번1, 2)
5. 전체 열처리 HRC 50±2 (품번 4)
6. 표면거칠기

$\frac{\sqrt{}}{} = \sqrt{}$

$\frac{x}{} = \frac{w}{}$, N10

$\frac{y}{} = \frac{x}{}$, N8

$\frac{z}{} = \frac{y}{}$, N6

$\frac{z}{} = \frac{z}{}$, N4

4. 2D 채점 Point

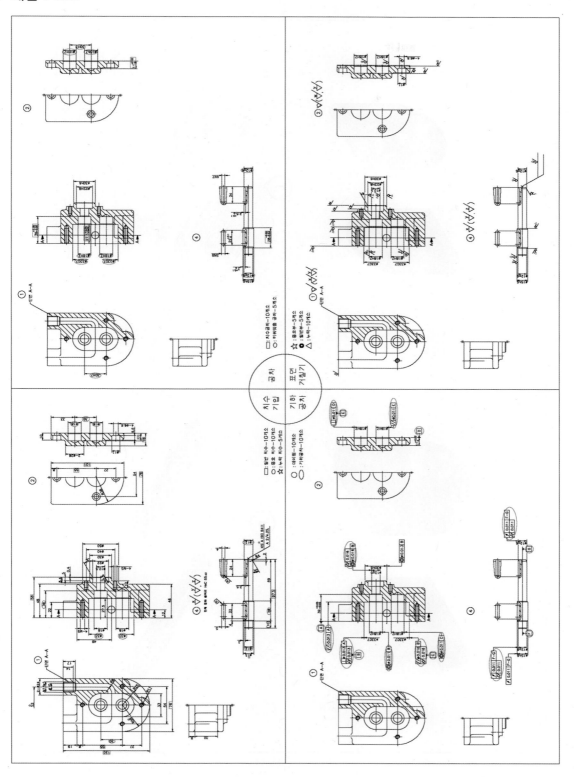

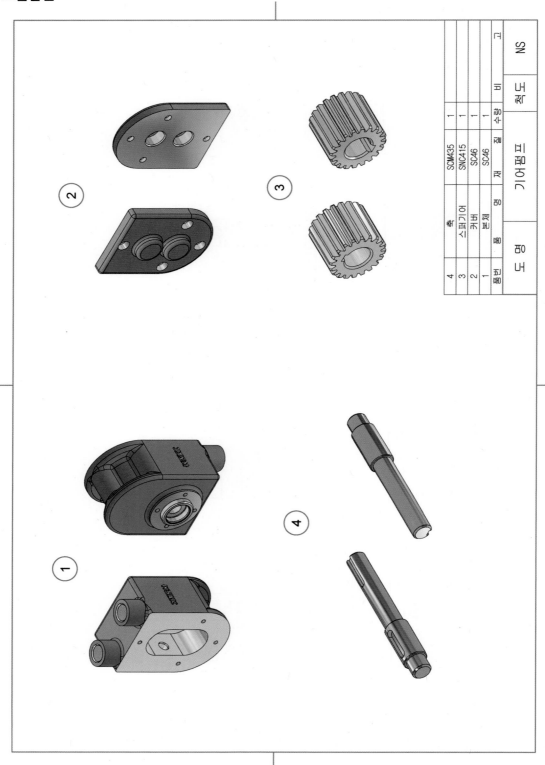

품번	품 명	재 질	수량	비 고
4	스퍼기어	SCM435	1	
3	커버	SNC415	1	
2	본체	SC46	1	
1		SC46	1	
품번	품 명	재 질	수량	비 고

도명 기어펌프 척도 NS

6. 3D 등각분해도

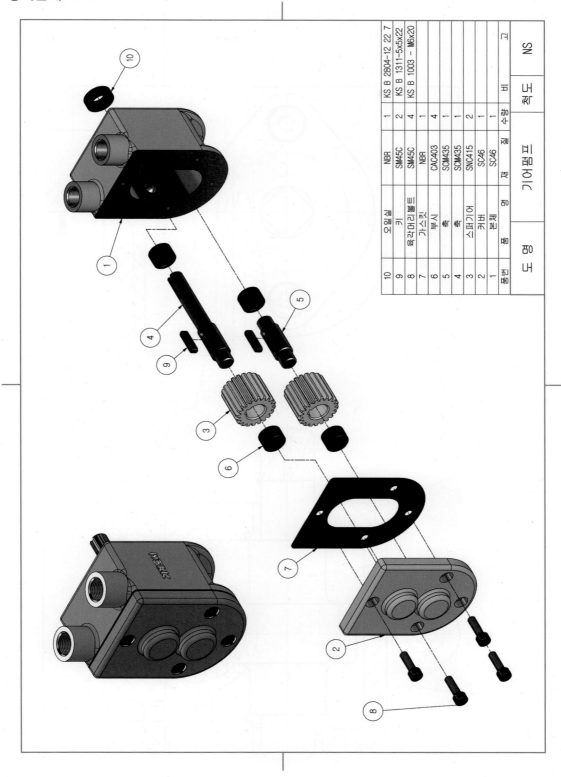

품번	품명	재질	수량	비고
10	오일실	NBR	1	KS B 2804-12 22 7
9	키	SM45C	2	KS B 1311-5x5x22
8	육각머리볼트	SM45C	4	KS B 1003 - M6x20
7	가스킷	NBR	1	
6	부시	CAC403	4	
5	축	SCM435	1	
4	축	SCM435	1	
3	스퍼기어	SNC415	2	
2	커버	SC46	1	
1	본체	SC46	1	
품번	품명	재질	수량	비고
	도 명	기어펌프	척 도	NS

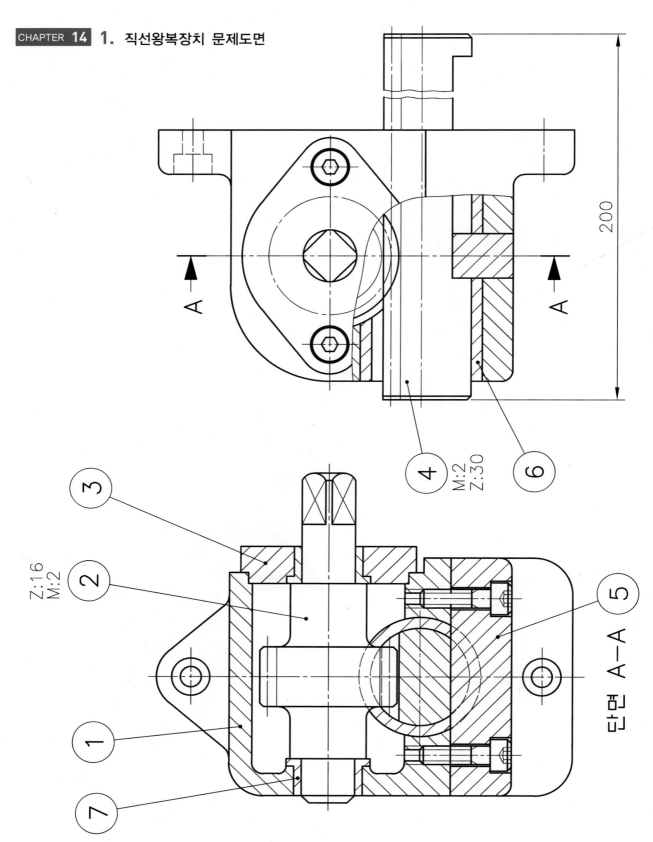

200

4
M:2
Z:30

6

3

Z:16
M:2

2

5

단면 A-A

1

7

2. 등각조립도

3. 2D 모범답안

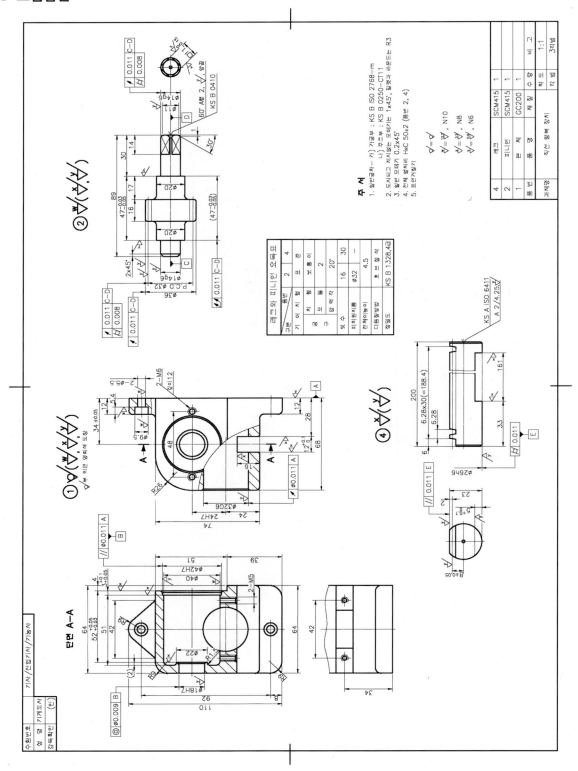

4. 2D 채점 Point

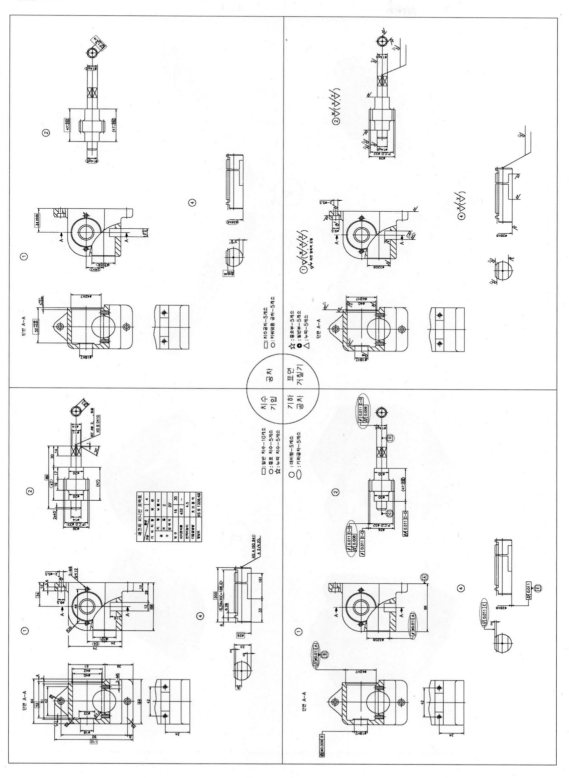

CHAPTER 14 직선왕복장치 ■ 211

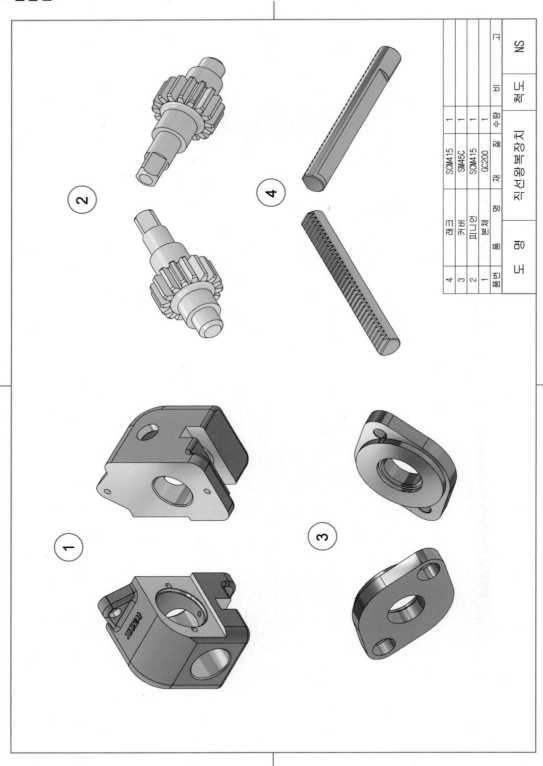

품번	품 명	재 질	수량	비 고
4	래크	SCM415	1	
3	커버	SM45C	1	
2	피니언	SCM415	1	
1	본체	GC200	1	

도 명	직선왕복장치	척도	NS

6. 3D 등각분해도

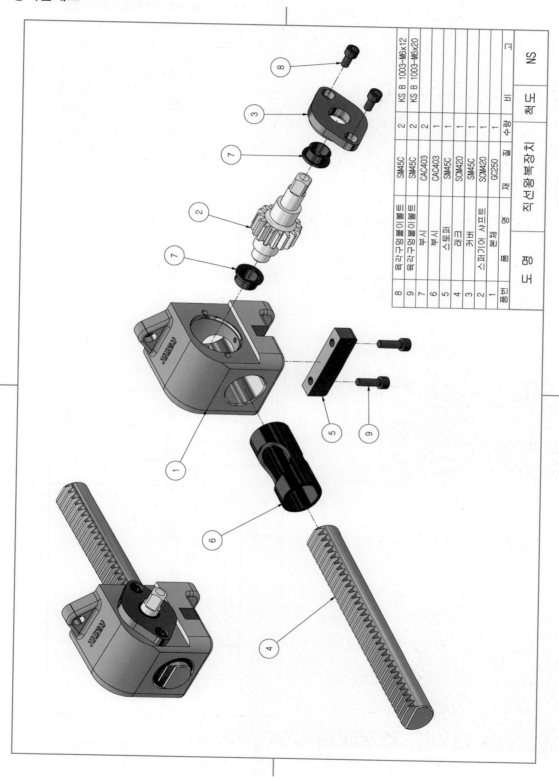

품번	품 명	재 질	수량	비 고
8	육각구멍붙이볼트	SM45C	2	KS B 1003-M6x12
9	육각구멍붙이볼트	SM45C	2	KS B 1003-M6x20
7	부시	CAC403	2	
6	스토퍼	CAC403	1	
5	래크	SM45C	1	
4	커버	SCM420	1	
3	스퍼기어 샤프트	SM45C	1	
2	본체	SCM420	1	
1		GC250	1	

직선왕복장치 척 도 NS

□36

⑤

⑥

③

②

Rc1/16

④

⑴

∅1

∅1

시트—A

A

Rp1/8

∅20h6

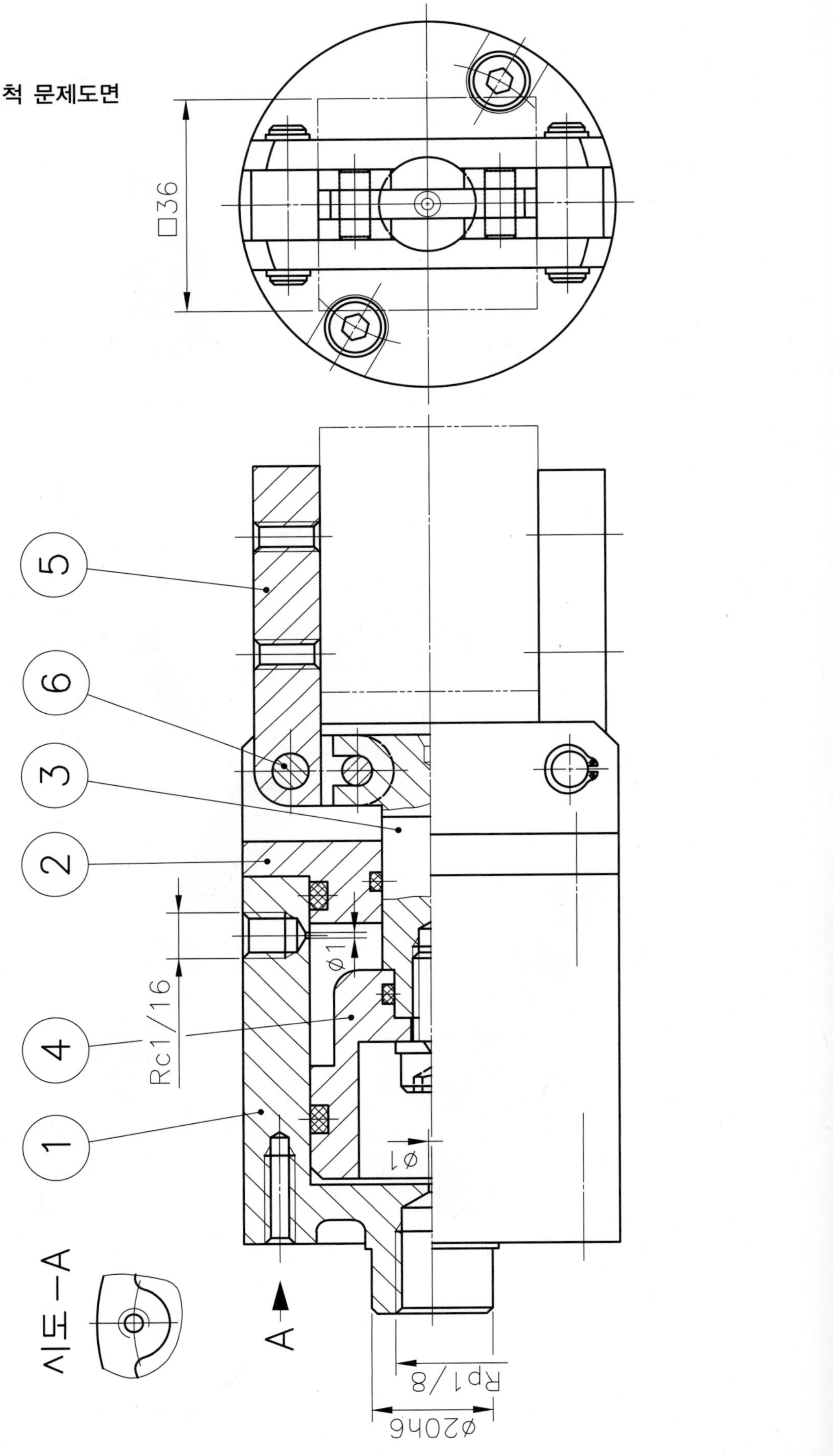

2. 등각조립도

3. 2D 모범답안

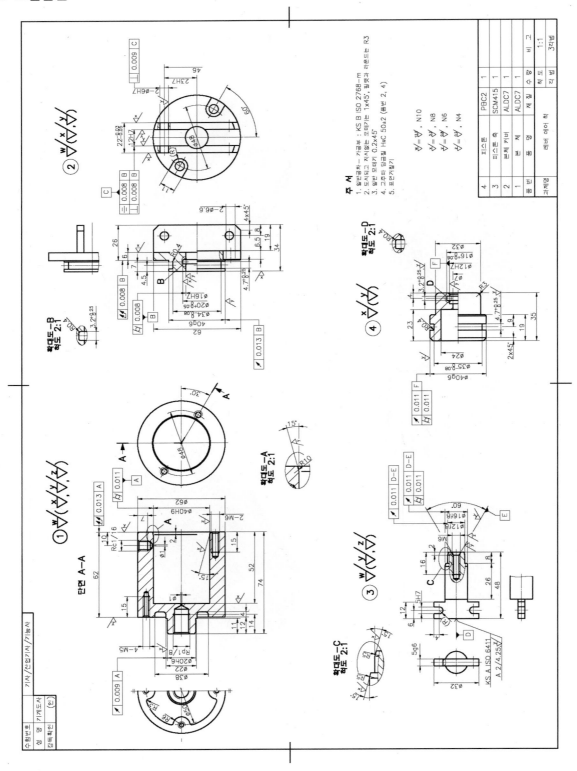

4. 2D 채점 Point

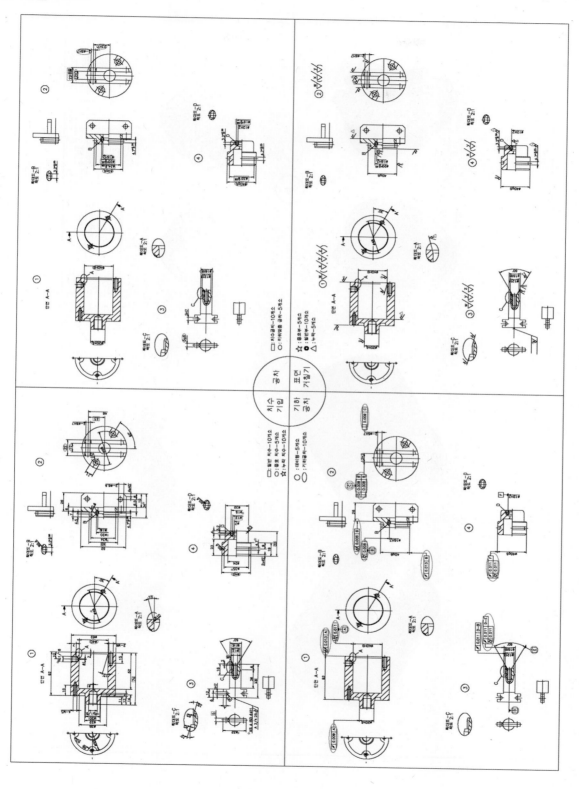

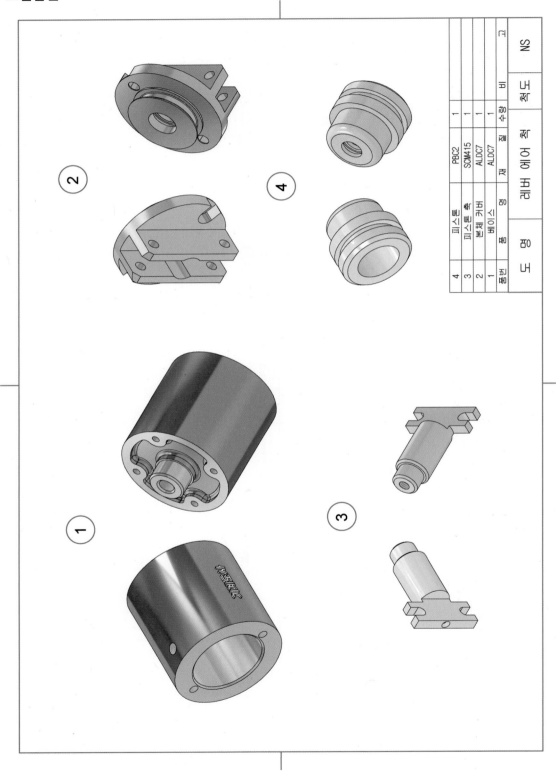

품번	품 명	재 질	수량	비 고
4	피스톤	PBC2	1	
3	피스톤 축	SCM415	1	
2	본체 커버	ALDC7	1	
1	베이스	ALDC7	1	

레버 에어 척   척 도   NS

도 명   척 도

6. 3D 등각분해도

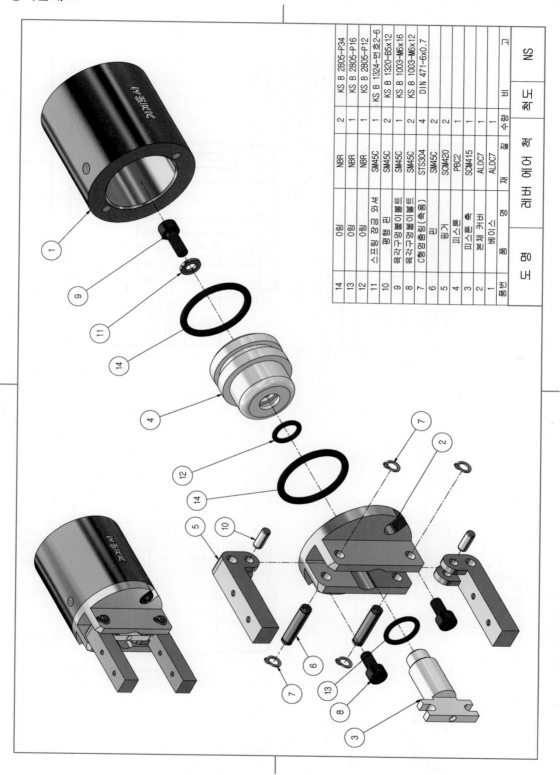

품번	품명	재질	수량	비 고
14	O링	NBR	2	KS B 2805-P34
13	O링	NBR	1	KS B 2805-P16
12	O링	NBR	1	KS B 2805-P12
11	스프링 판금 와셔	SM45C	1	KS B 1324-번호2-6
10	평행 핀	SM45C	2	KS B 1320-B5x12
9	육각구멍붙이볼트	SM45C	1	KS B 1003-M6x16
8	육각구멍붙이볼트	STS304	4	KS B 1003-M6x12
7	C형 멈춤링(축용)	SM45C	2	DIN 471-6x0.7
6	핀	SCM420	2	
5	핑거	PBC2	1	
4	피스톤 축	SCM415	1	
3	피스톤 축	ALDC7	1	
2	본체 커버	ALDC7	1	
1	베이스			
품번	품명	재질	수량	비 고

레버 에어척   척 도   NS

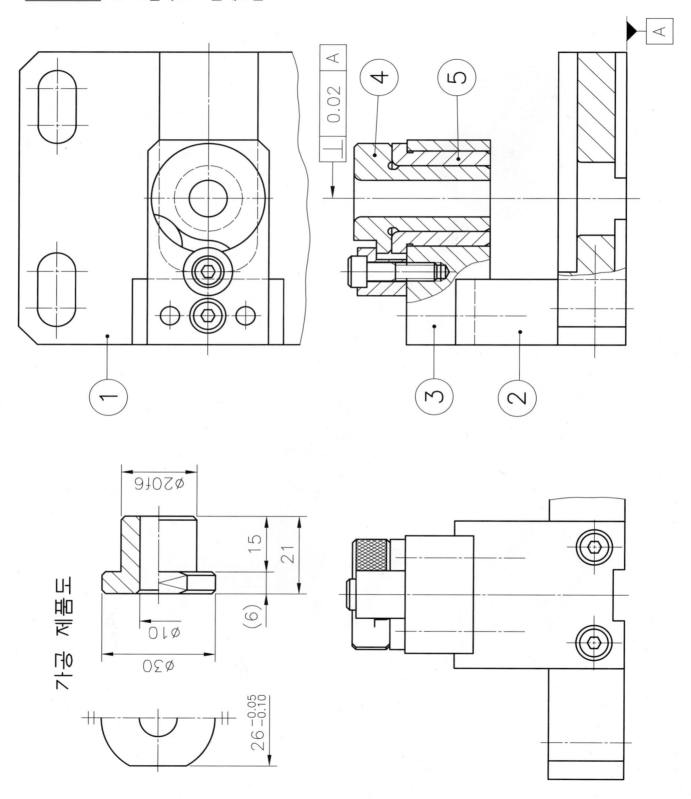

가공 제품도

$\phi 20f6$

15

21

(6)

$\phi 10$

$\phi 30$

$26 \begin{smallmatrix} -0.05 \\ -0.10 \end{smallmatrix}$

2. 등각조립도

NS

척도

드릴지그-1

명도

3. 2D 모범답안

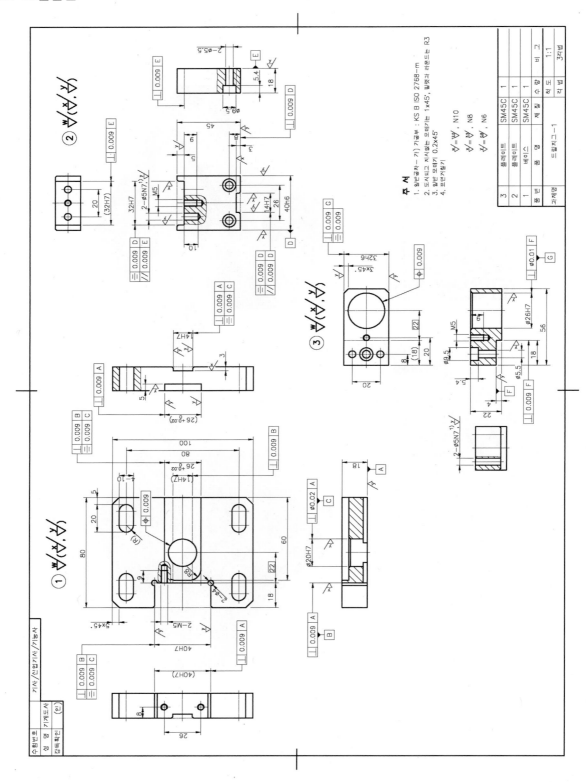

4. 2D 채점 Point

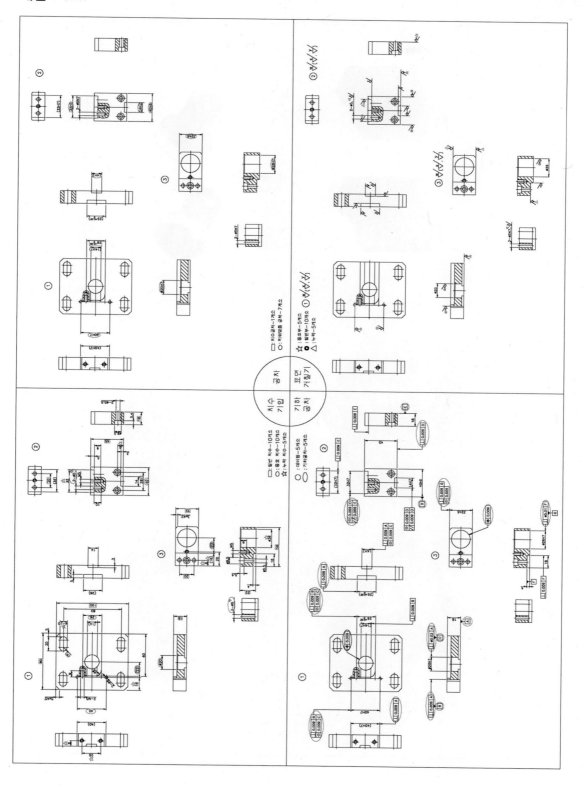

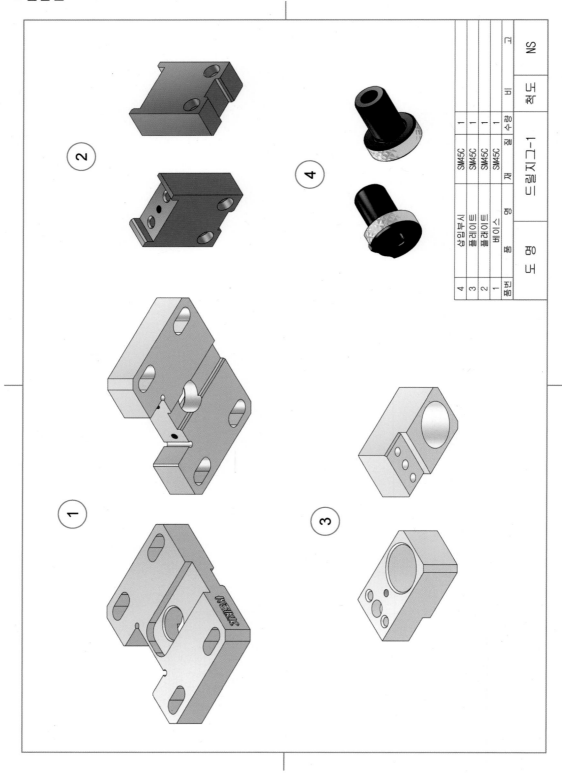

4	3	2	1	품번		
상부몸체	플레이트	플레이트	베이스	품 명	도 명	드릴지그-1
SM45C	SM45C	SM45C	SM45C	재 질		
1	1	1	1	수량		
				비 고	척 도	NS

6. 3D 등각분해도

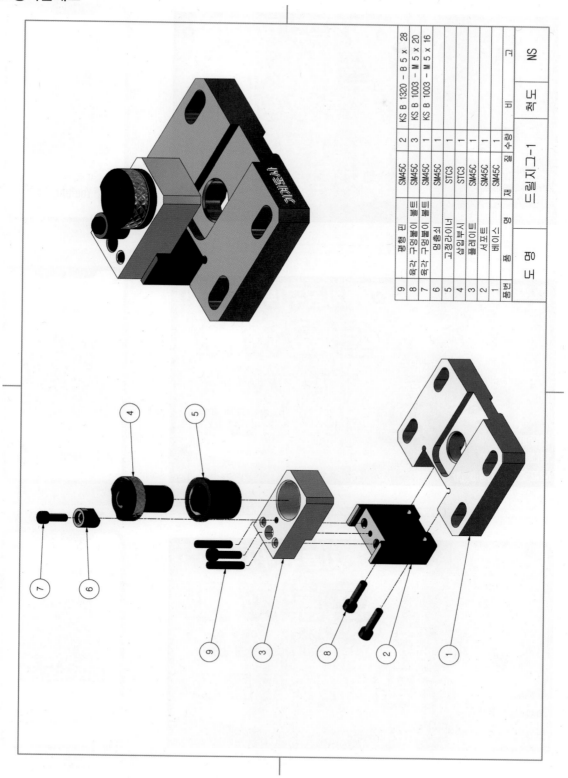

품번	품 명	재 질	수량	비 고
9	평행 핀	SM45C	2	KS B 1320 - B 5 x 28
8	육각 구멍붙이 볼트	SM45C	3	KS B 1003 - M 5 x 20
7	육각 구멍붙이 볼트	SM45C	1	KS B 1003 - M 5 x 16
6	멈춤쇠	STC3	1	
5	고정라이너	STC3	1	
4	삽입부시	SM45C	1	
3	플레이트	SM45C	1	
2	서포트	SM45C	1	
1	베이스		1	

드릴지그-1

척도 NS

도 명

실패하는 게 두려운 게 아니라 노력하지 않는 게 두렵다.

– 마이클 조던 –

단면 A-A

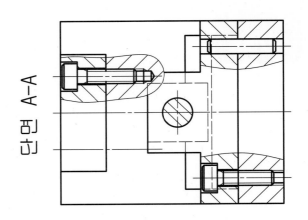

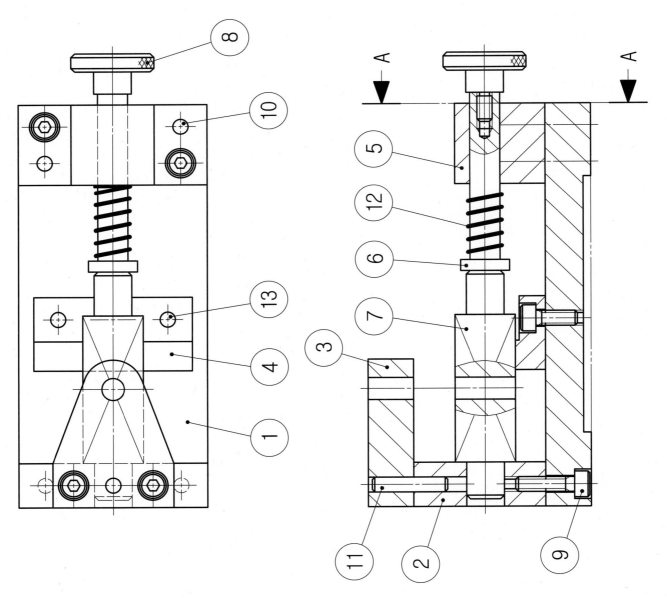

2. 등각조립도

3. 2D 모범답안

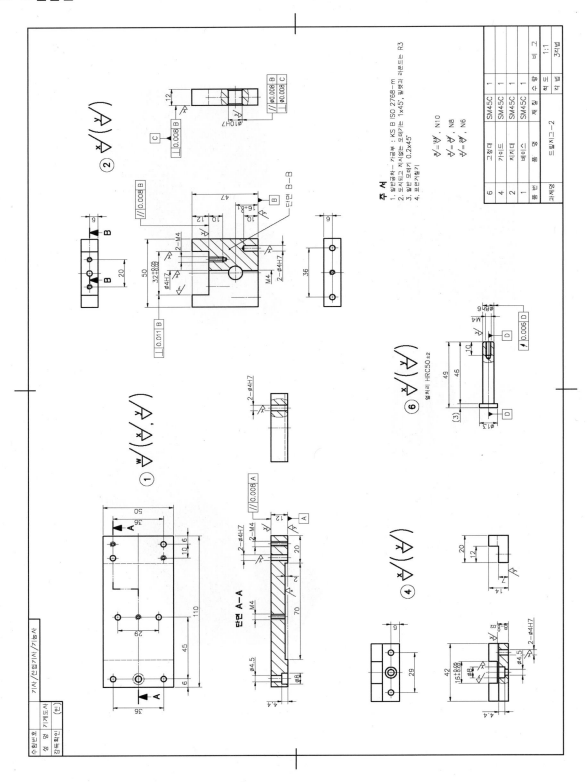

4. 2D 채점 Point

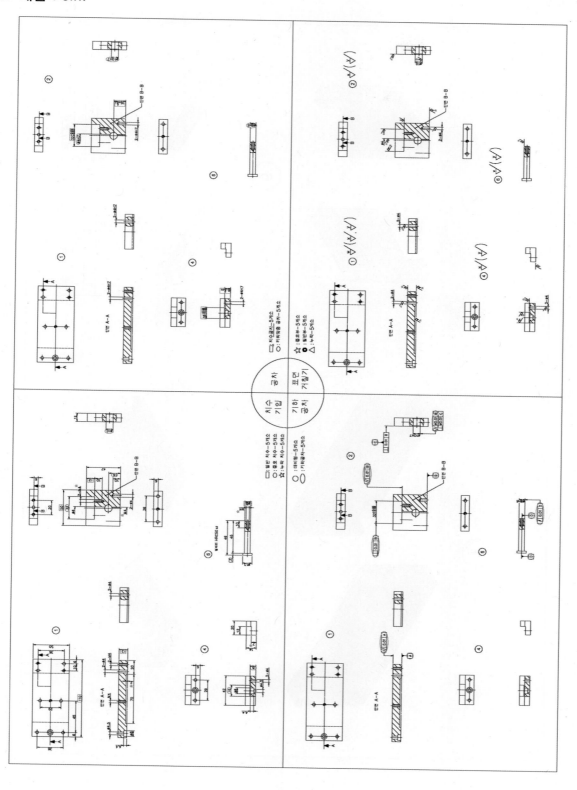

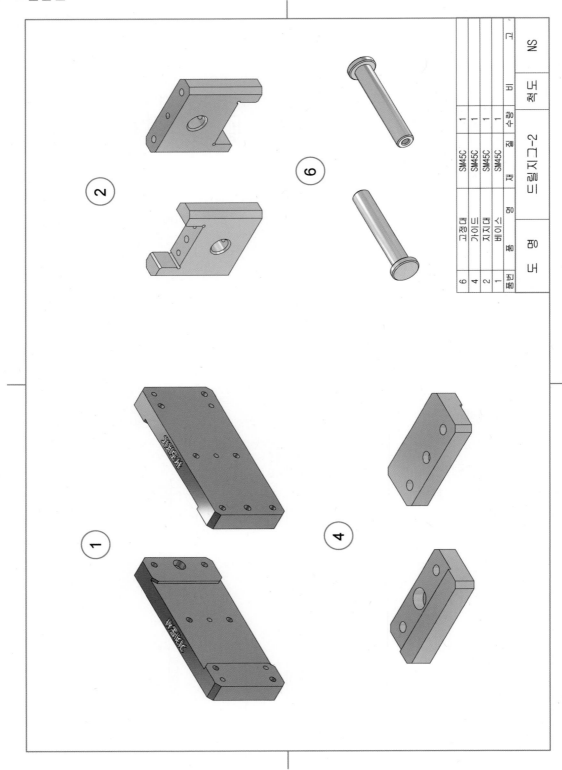

품번	품 명	재 질	수량	비 고
6	고정대	SM45C	1	
4	가이드	SM45C	1	
2	지지대	SM45C	1	
1	베이스	SM45C	1	
품번	품 명	재 질	수량	비 고

드릴지그-2 척 도 NS

6. 3D 등각분해도

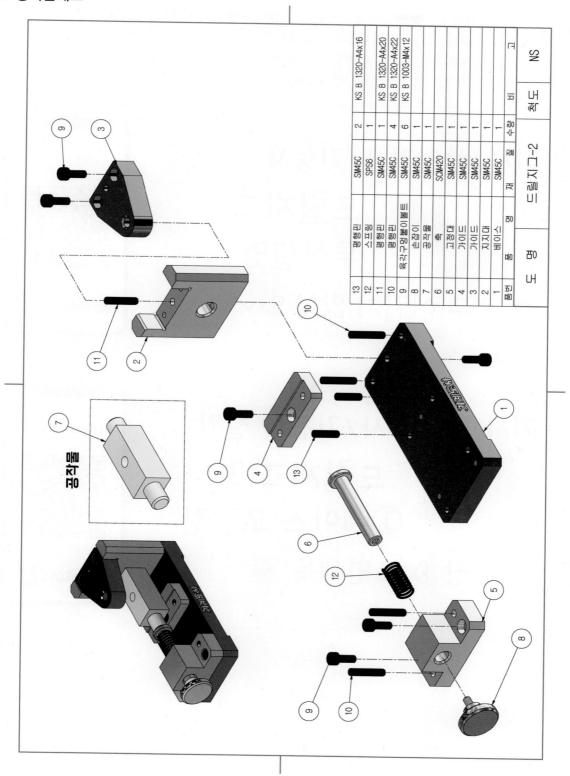

품번	품명	재질	수량	척도	고 NS
13	평행핀	SM45C	2		KS B 1320-A4x16
12	스프링	SPS6	1		
11	평행핀	SM45C	1		KS B 1320-A4x20
10	평행핀	SM45C	4		KS B 1320-A4x22
9	육각구멍붙이볼트	SM45C	6		KS B 1003-M4x12
8	손잡이	SM45C	1		
7	공작물	SM45C	1		
6	축	SCM420	1		
5	고정대	SM45C	1		
4	가이드	SM45C	1		
3	가이드	SM45C	1		
2	지지대	SM45C	1		
1	베이스	SM45C	1		

드릴지그-2

지그(Jig)는 기계가공에서 가공위치를 쉽고 정확하게 정하기 위한 보조용 기구이다. 해당 도면은 드릴지그 도면으로 공작물의 일정한 위치에 드릴 구멍을 가공할 수 있도록 제작된 장치이다. 각 부품을 인벤터로 모델링하고 오토캐드로 치수기입하는 영상을 수록하였다. 모델링 영상을 보며 투상하는 방법과 KS 규격에 관하여 학습하고 치수기입 영상을 통해 치수, 공차, 거칠기, 기하공차의 기입법에 관하여 학습하도록 한다. 영상을 통해 조립과 관계되는 부분이 어디인지 어떠한 부분이 중요치수가 되는지 확인하도록 한다.

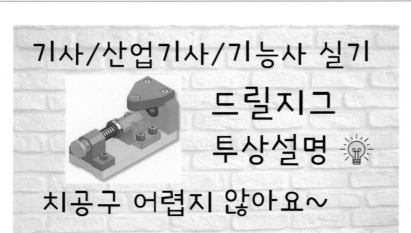

기사/산업기사/기능사 실기

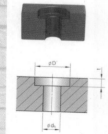

깊은자리파기

6각구멍붙이볼트

카운터보어

동영상 해설 강의

▶ YouTube 기계도사

기사/산업기사/기능사 실기

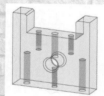

드릴지그 3D

②받침대 모델링

투상 & 도면해독

동영상 해설 강의

▶ YouTube 기계도사

기사/산업기사/기능사 실기

드릴지그 3D

④가늠쇠 ⑥축 모델링

투상 & 도면해독

동영상 해설 강의

▶ YouTube 기계도사

기사/산업기사/기능사 실기

드릴지그

3D→2D 도면화

인벤터 → 오토캐드 💡

|동영상 해설 강의|

▶ YouTube 기계도사

기사/산업기사/기능사 실기

드릴지그 2D

치수기입, 끼워맞춤

따라하며 보세요~ 💡

|동영상 해설 강의|

▶ YouTube 기계도사

기사/산업기사/기능사 실기

드릴지그 2D

표면거칠기 기입

따라하며 보세요~ 💡

|동영상 해설 강의|

▶ YouTube 기계도사

기사/산업기사/기능사 실기

드릴지그 2D

기하공차 기입

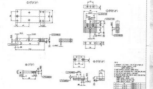

따라하며 보세요~ 💡

| 동영상 해설 강의 |

▶ YouTube 기계도사

기사/산업기사/기능사 실기

드릴지그 💡

2D 오토캐드 인쇄

3D 인벤터 인쇄

| 동영상 해설 강의 |

▶ YouTube 기계도사

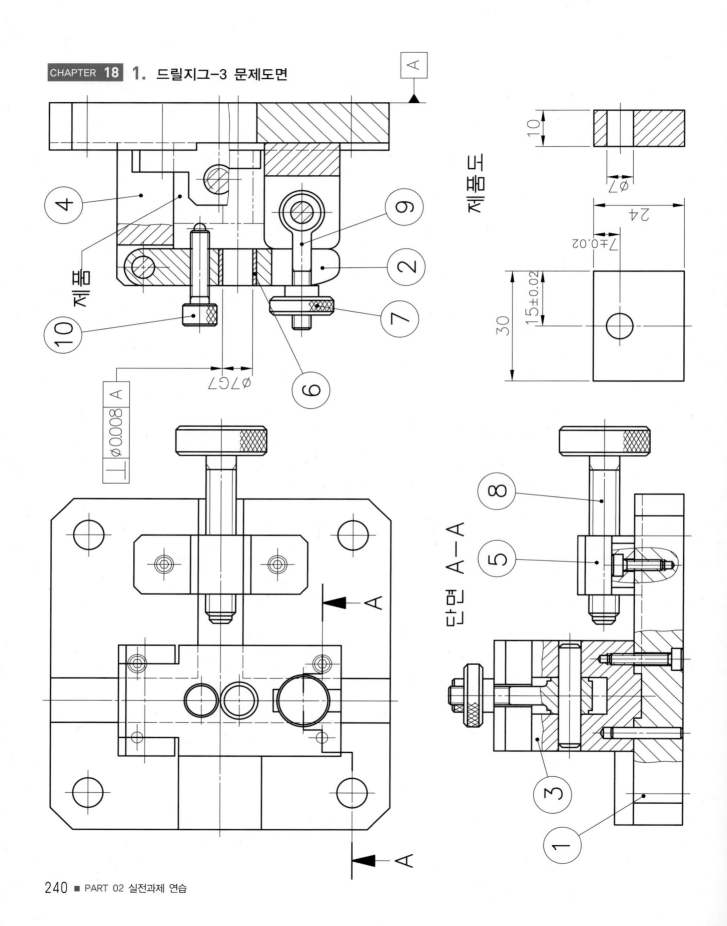

제품도

단면 A-A

2. 등각조립도

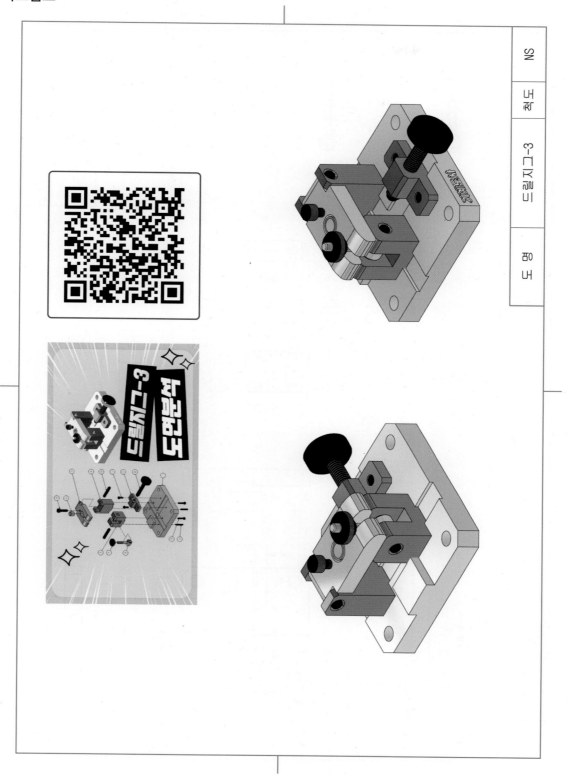

3. 2D 모범답안

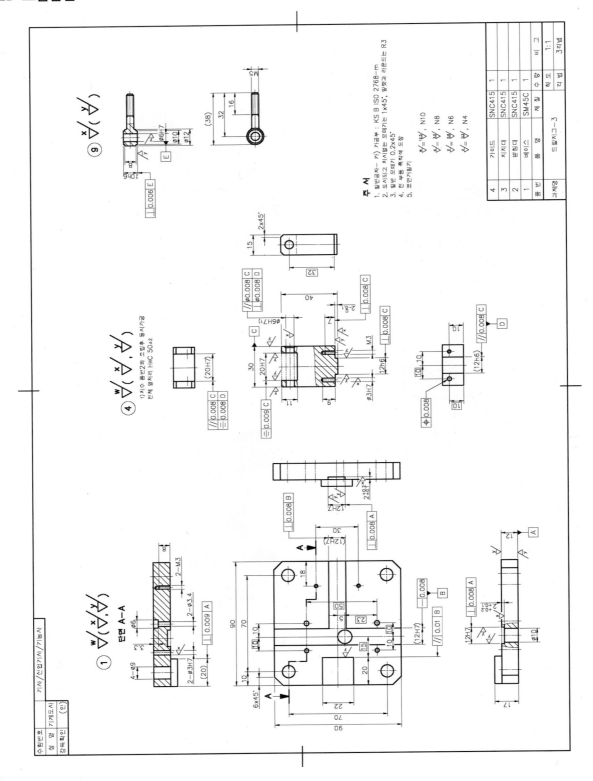

4. 2D 채점 Point

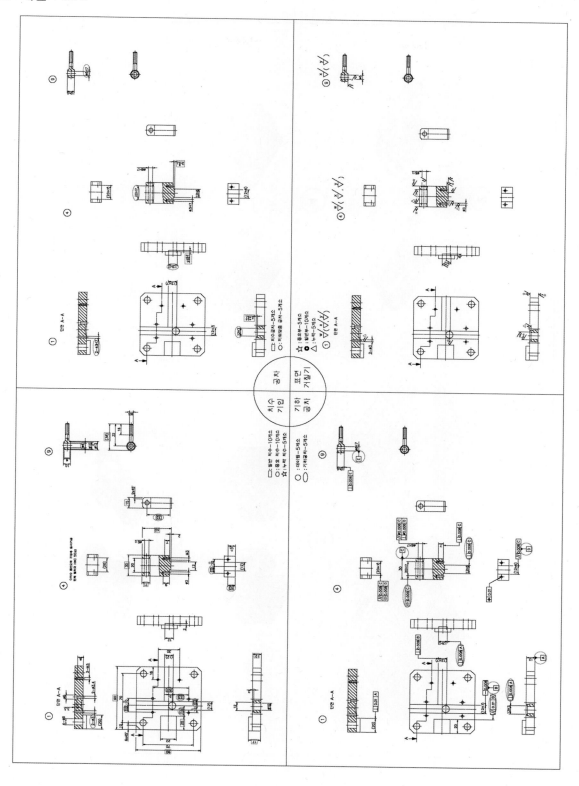

5. 3D 모범답안

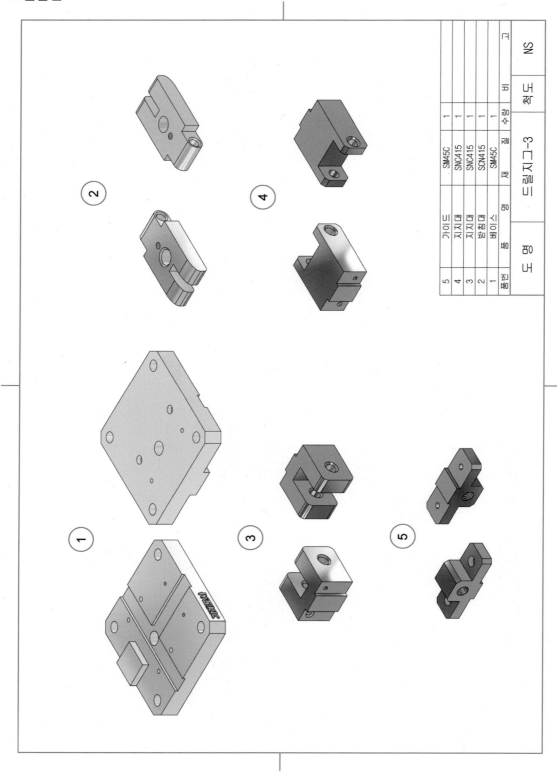

품번	품 명	재 질	수량	비 고
5	가이드	SM45C	1	
4	지지대	SNC415	1	
3	지지대	SNC415	1	
2	받침대	SCN415	1	
1	베이스	SM45C	1	

도 명 : 드릴지그-3 척도 : NS

6. 3D 등각분해도

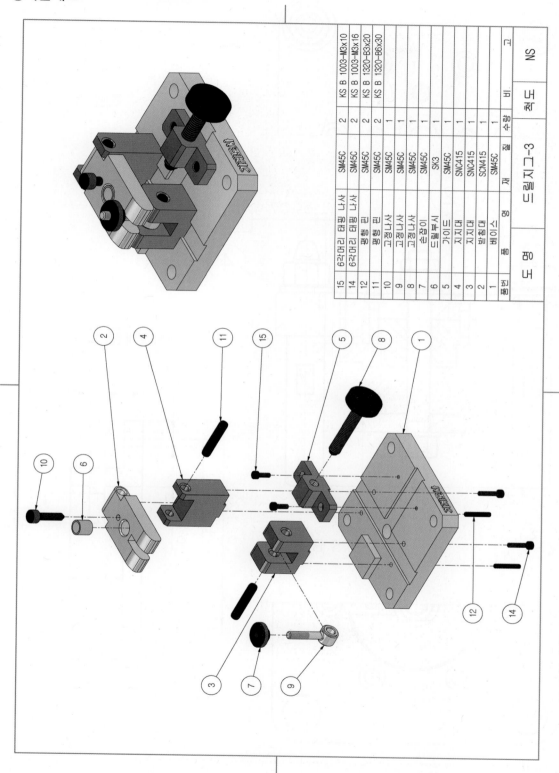

품번	품 명	재 질	수량	비 고
15	6각머리 태핑 나사	SM45C	2	KS B 1003-M3x10
14	6각머리 태핑 나사	SM45C	2	KS B 1003-M3x16
12	평행 핀	SM45C	2	KS B 1320-B3x20
11	평행 핀	SM45C	2	KS B 1320-B6x30
10	고정나사	SM45C	1	
9	고정나사	SM45C	1	
8	고정나사	SM45C	1	
7	손잡이	SM45C	1	
6	드릴부시	SK3	1	
5	가이드	SM45C	1	
4	지지대	SNC415	1	
3	지지대	SCM415	1	
1	베이스	SM45C	1	

척도 NS 드릴지그-3

척도 1 : 2

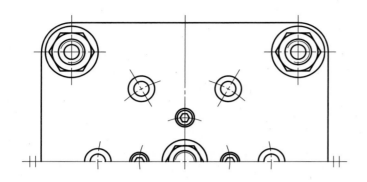

Ø9G7 ⟂ | Ø0.009 | A

제품도

KS B 1043

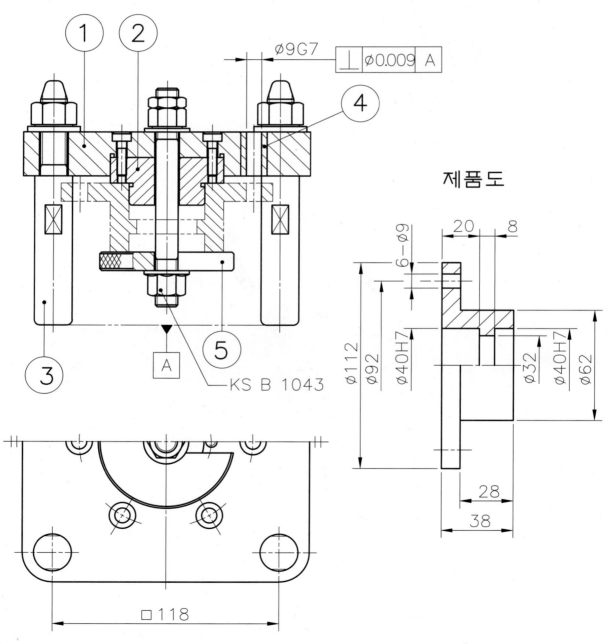

□ 118

2. 등각조립도

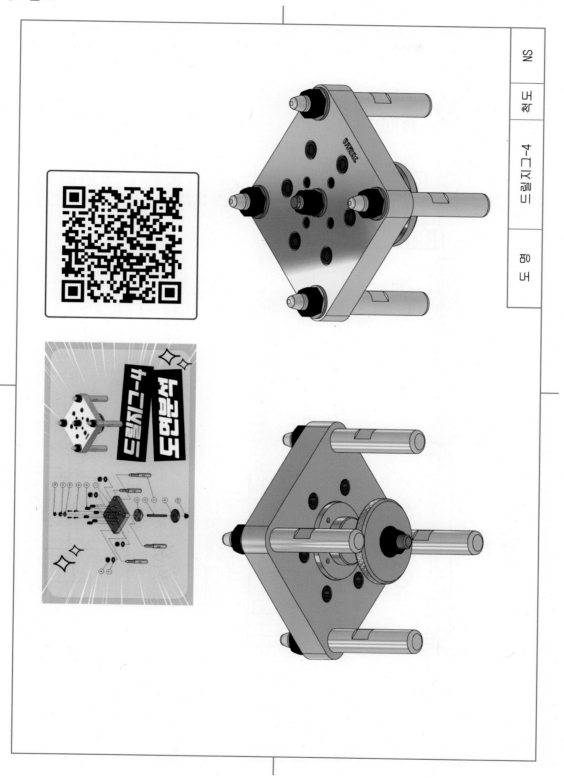

3. 2D 모범답안

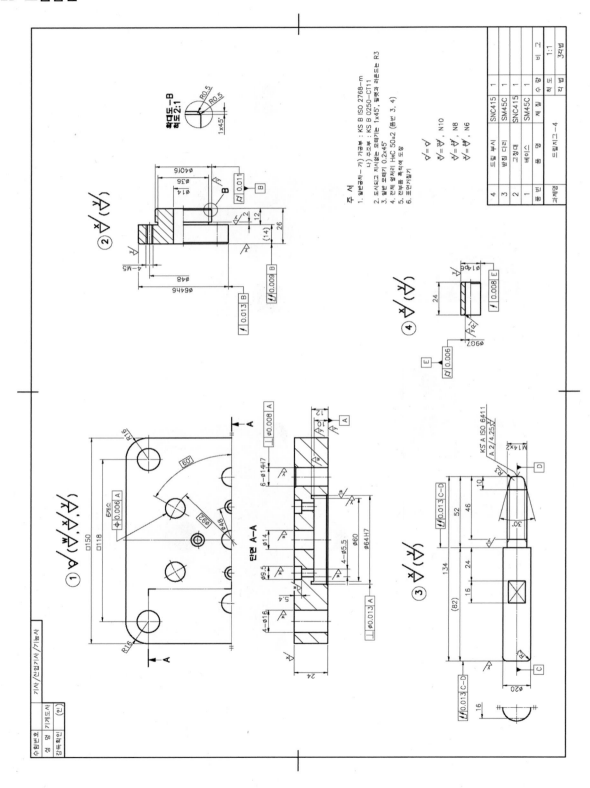

주 서
1. 일반공차—가) 가공부 : KS B ISO 2768—m
   나) 주조부 : KS B 0250—CT11
2. 도시되고 지시없는 모떼기는 1x45°, 필렛과 라운드는 R3
3. 일반 모떼기 0.2x45°
4. 전체 열처리 HᵣC 50±2 (품번 3, 4)
5. 전부동 축삭삭 도장
6. 표면거칠기

과제명	드릴지그—4		척 도	3차각

4. 2D 채점 Point

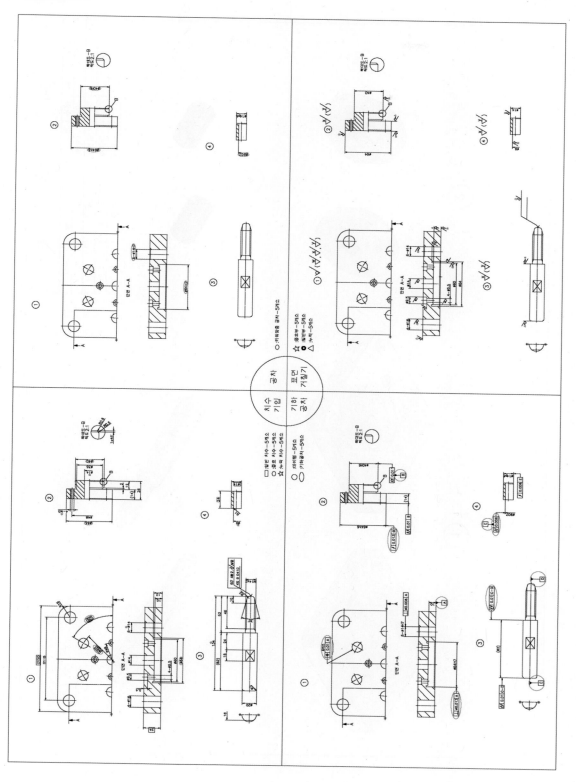

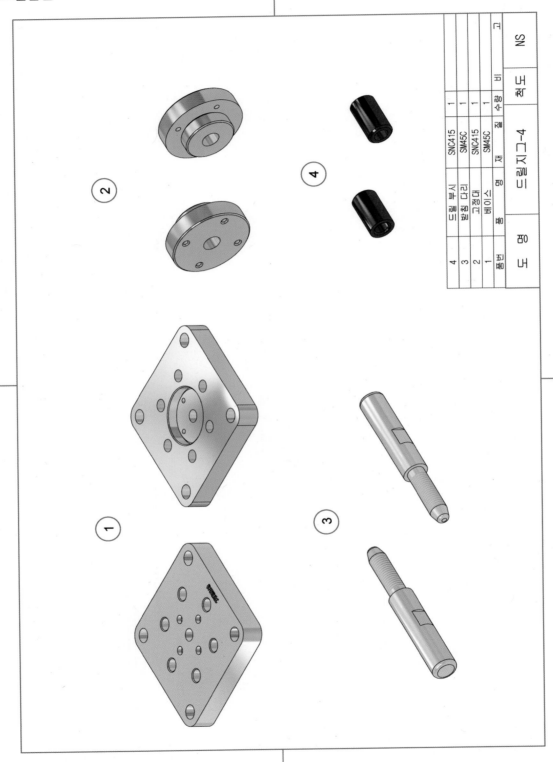

품번	품 명	재 질	수량	비 고
4	드릴 부시	SNC415	1	
3	받침 다리	SM45C	1	
2	고정대	SNC415	1	
1	베이스	SM45C	1	

도 명	드릴지그-4	척도	NS

6. 3D 등각분해도

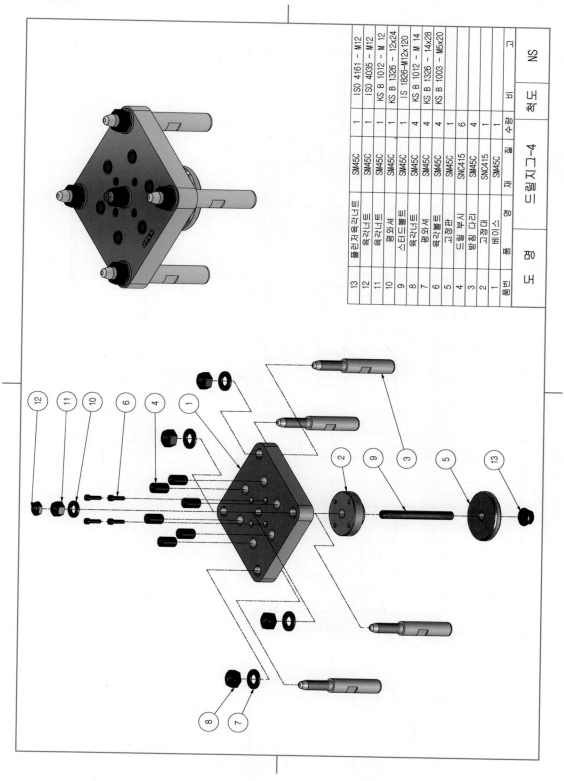

품번	품명	재질	수량	비고
13	플런저육각너트	SM45C	1	ISO 4161 – M12
12	육각너트	SM45C	1	ISO 4035 – M12
11	육각너트	SM45C	1	KS B 1012 – M 12
10	평와셔	SM45C	1	KS B 1326 – 12x24
9	스터드볼트	SM45C	1	IS 1826–M12x120
8	육각너트	SM45C	4	KS B 1012 – M 14
7	평와셔	SM45C	4	KS B 1326 – 14x28
6	육각볼트	SM45C	4	KS B 1003 – M5x20
5	고정판	SM45C	1	
4	드릴부시	SNC415	6	
3	받침다리	SM45C	4	
2	고정대	SNC415	1	
1	베이스	SM45C	1	

드릴지그-4

척도 NS

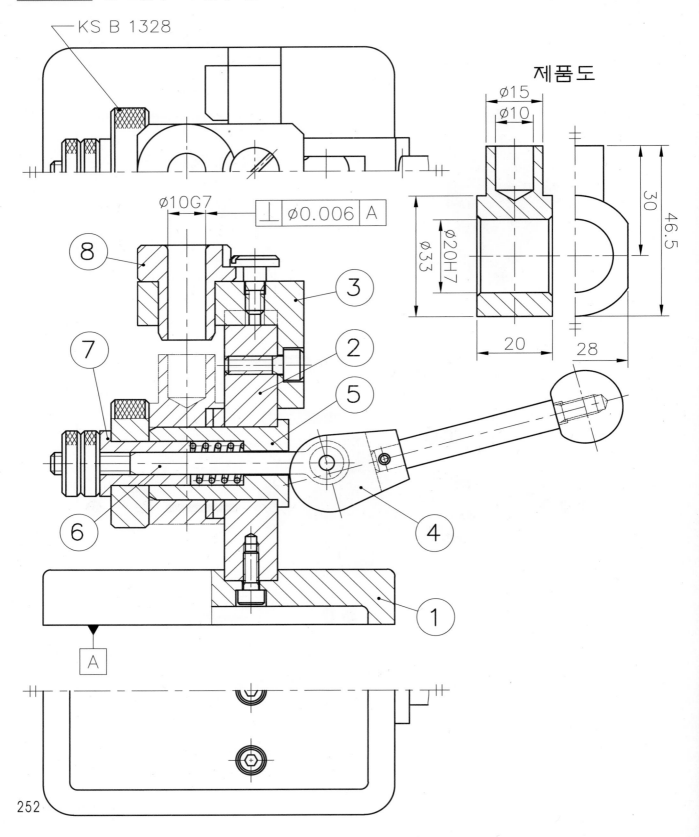

KS B 1328

제품도

Ø10G7   ⊥ Ø0.006 A

8
3
2
7
5
6
4
1

A

A

Ø15
Ø10
Ø20H7
Ø33
30
46.5
20
28

2. 등각조립도

3. 2D 모범답안

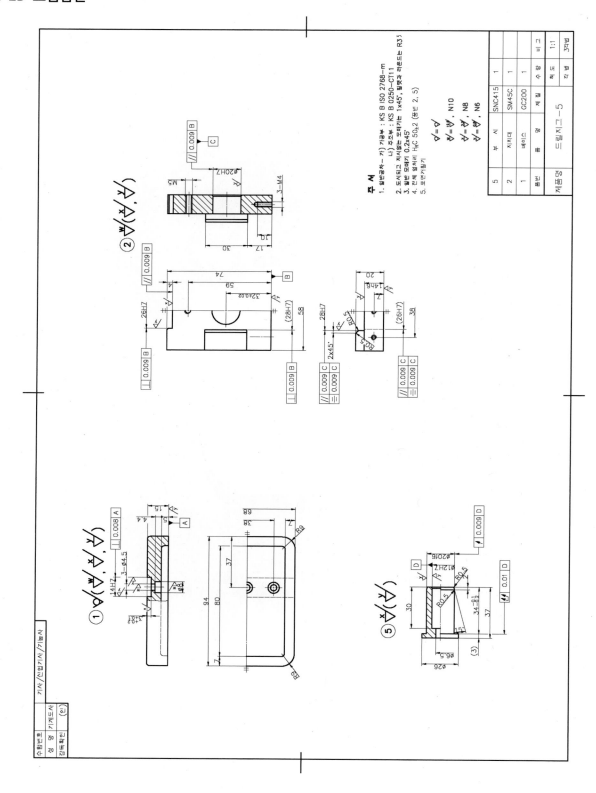

4. 2D 채점 Point

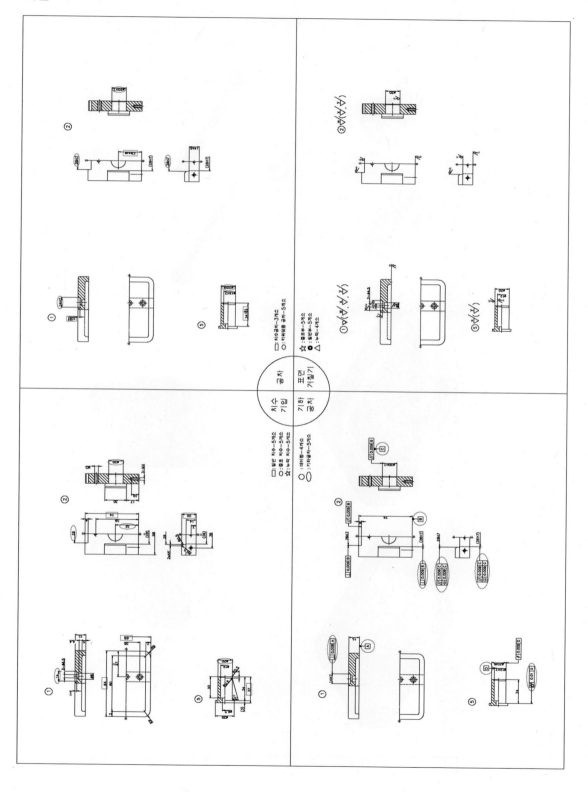

5. 3D 모범답안

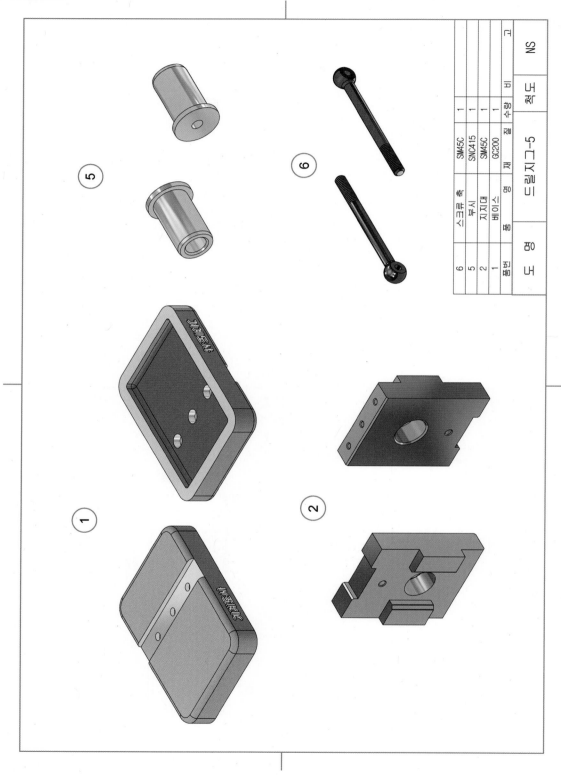

품번	품명		재질	수량	비고
6	스크류축		SM45C	1	
5	부시		SNC415	1	
2	지지대		SM45C	1	
1	베이스		GC200	1	

드릴지그-5

척도 NS

6. 3D 등각분해도

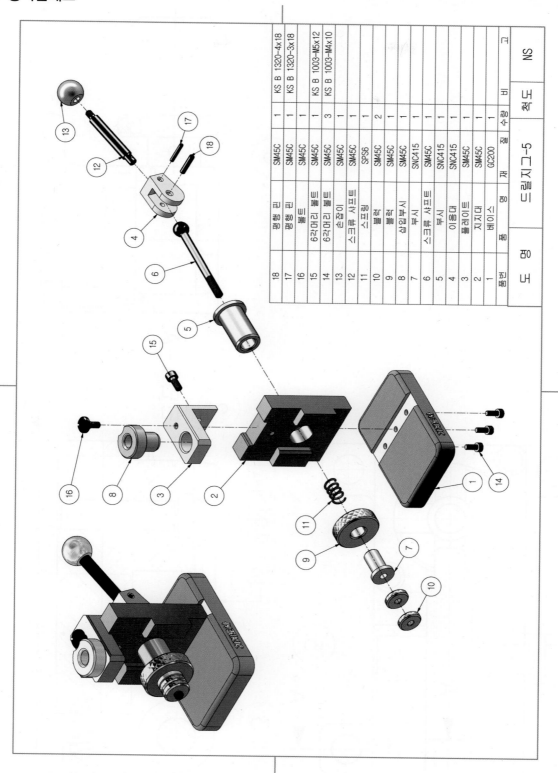

품번	품 명	재 질	수량	비 고
18	평행핀	SM45C	1	KS B 1320-4x18
17	평행핀	SM45C	1	KS B 1320-3x18
16	볼트	SM45C	1	
15	6각머리 볼트	SM45C	1	KS B 1003-M5x12
14	6각머리 볼트	SM45C	3	KS B 1003-M4x10
13	손잡이	SM45C	1	
12	스크류 샤프트	SM45C	1	
11	스프링	SPS6	1	
10	락볼트	SM45C	2	
9	락볼트	SM45C	1	
8	삽입부시	SM45C	1	
7	부시	SNC415	1	
6	스크류 샤프트	SM45C	1	
5	부시	SNC415	1	
4	이음대	SNC415	1	
3	플레이트	SM45C	1	
2	지지대	SM45C	1	
1	베이스	GC200	1	
품번	품 명	재 질	수량	비 고

드릴지그-5	척도	NS

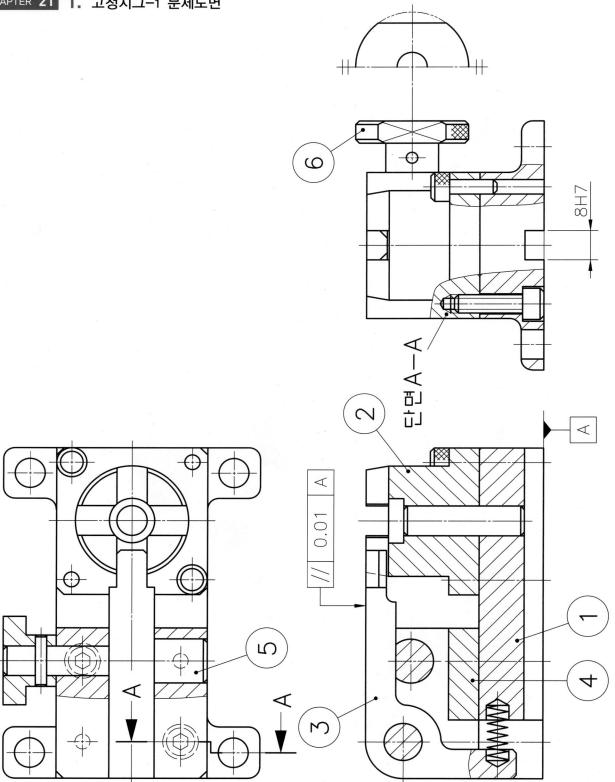

단면 A-A

2. 등각조립도

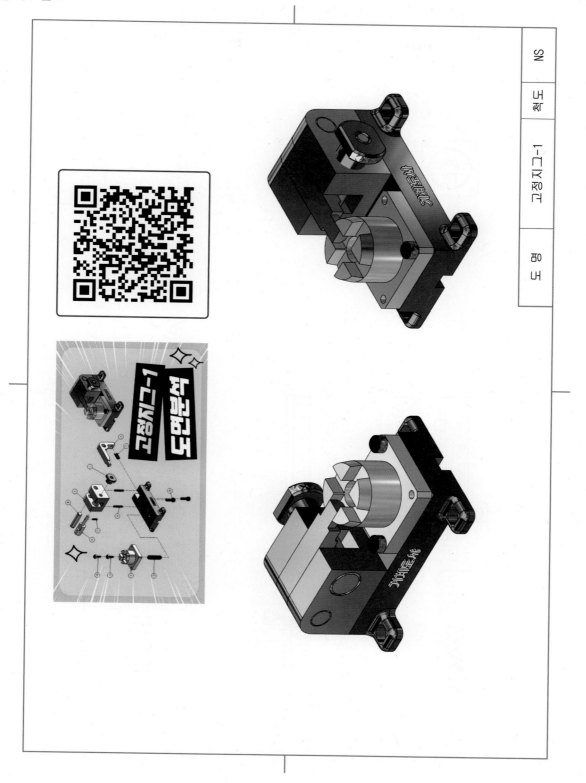

3. 2D 모범답안

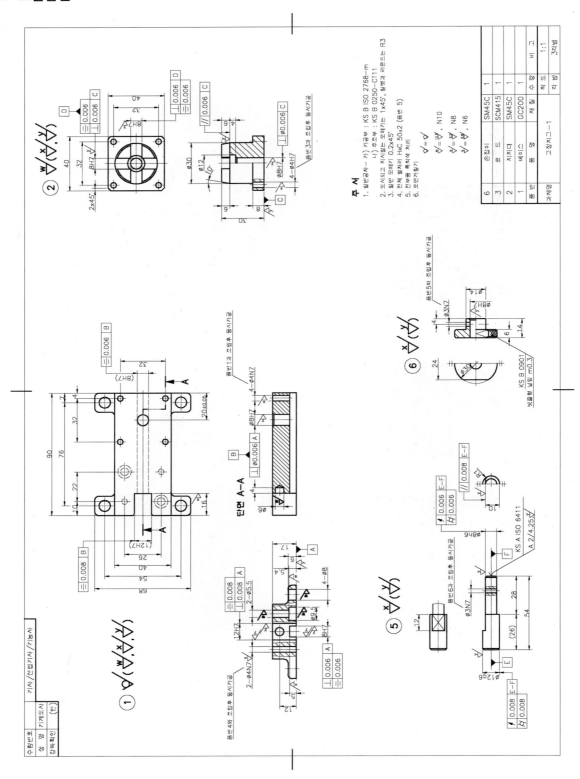

4. 2D 채점 Point

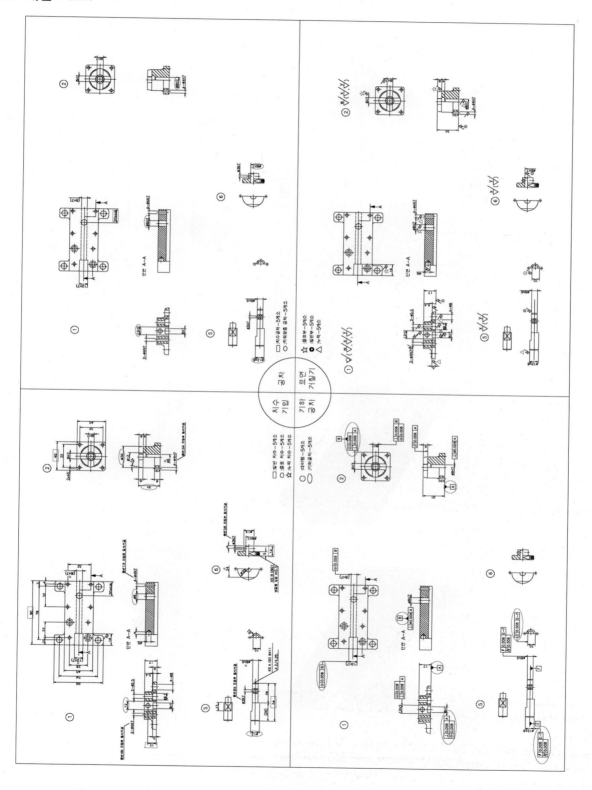

5. 3D 모범답안

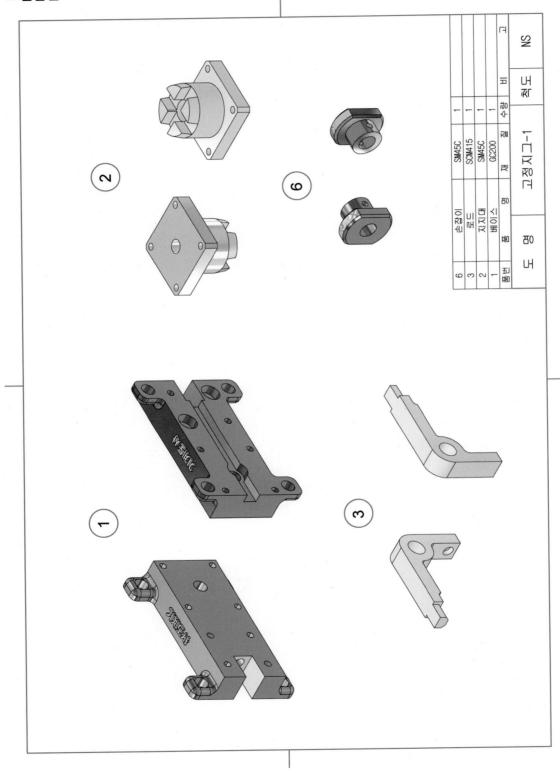

품번	품명	재질	수량	비고
6	손잡이	SM45C	1	
3	롤더	SCM415	1	
2	지지대	SM45C	1	
1	베이스	GC200	1	

고정지그-1

척도 NS

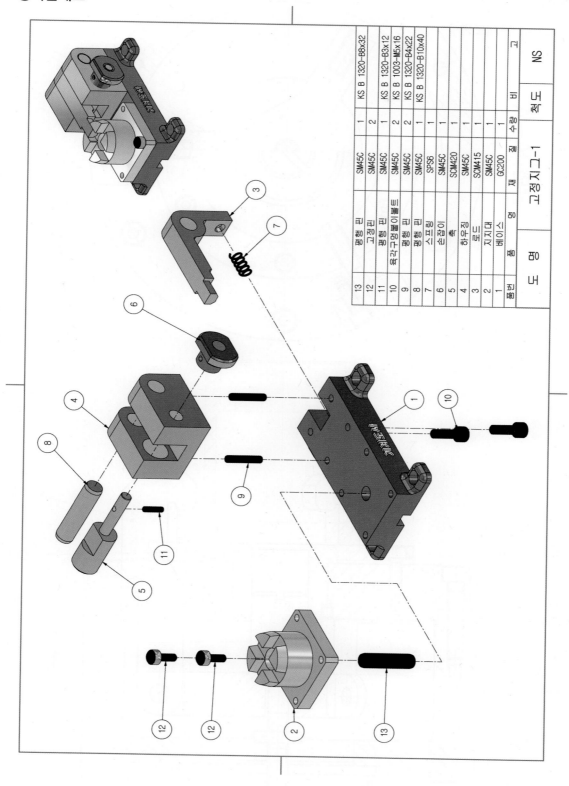

품번	품명	재질	수량	비고
13	평형 핀	SM45C	1	KS B 1320-B8x32
12	고정핀	SM45C	2	
11	평형 핀	SM45C	1	KS B 1320-B3x12
10	육각구멍붙이볼트	SM45C	2	KS B 1003-M5x16
9	평형 핀	SM45C	2	KS B 1320-B4x22
8	평형 핀	SM45C	1	
7	스프링	SPS6	1	
6	손잡이	SM45C	1	
5	하우징	SCM420	1	
4	로드	SCM415	1	
3	지지대	SM45C	1	
2	베이스	GC200	1	KS B 1320-B10x40
1				

도명		고정지그-1		
		척도		NS

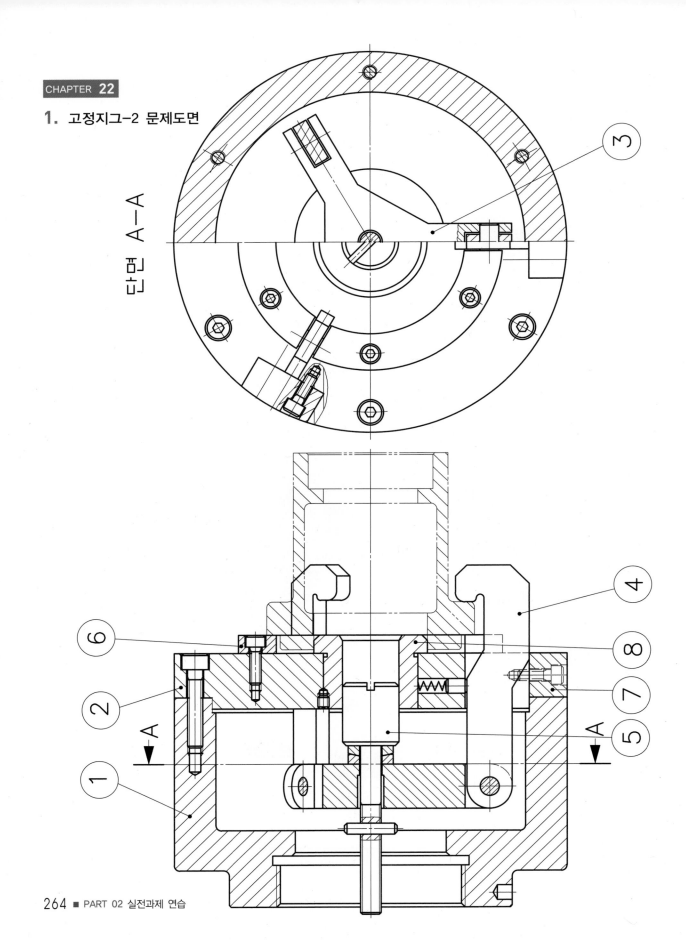

1. 고정지그-2 문제도면

단면 A—A

2. 등각조립도

3. 2D 모범답안

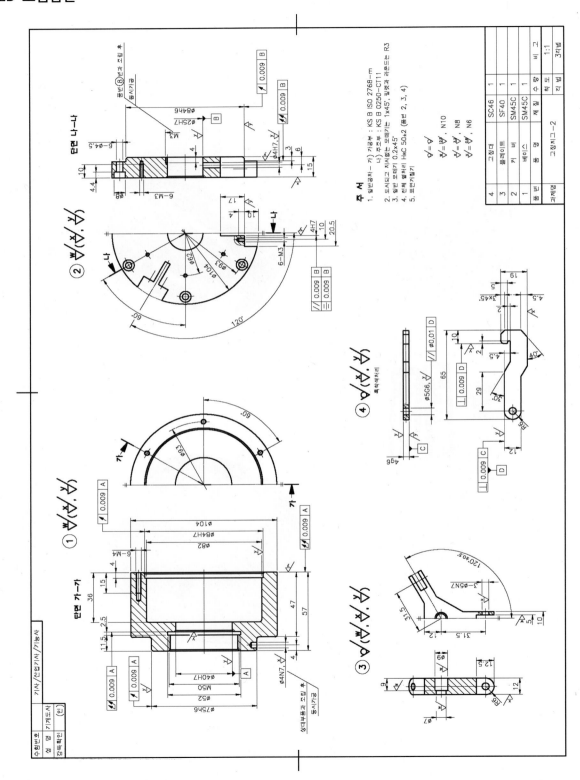

4. 2D 채점 Point

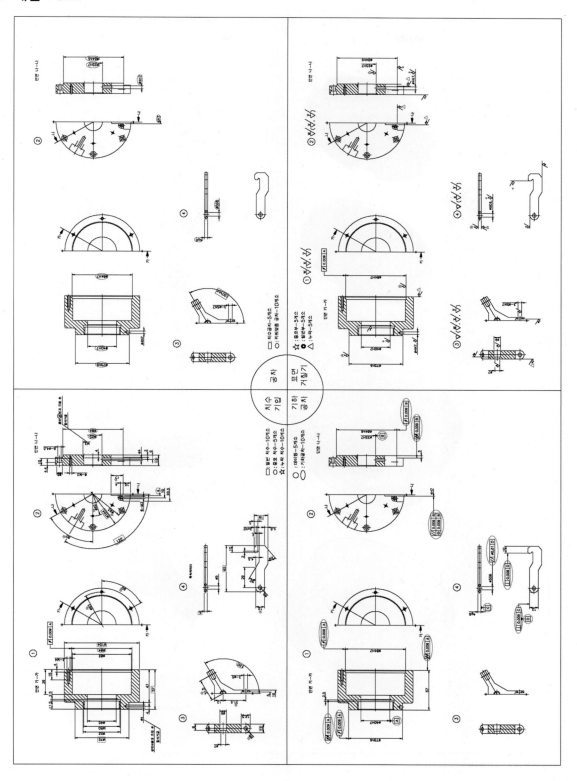

5. 3D 모범답안

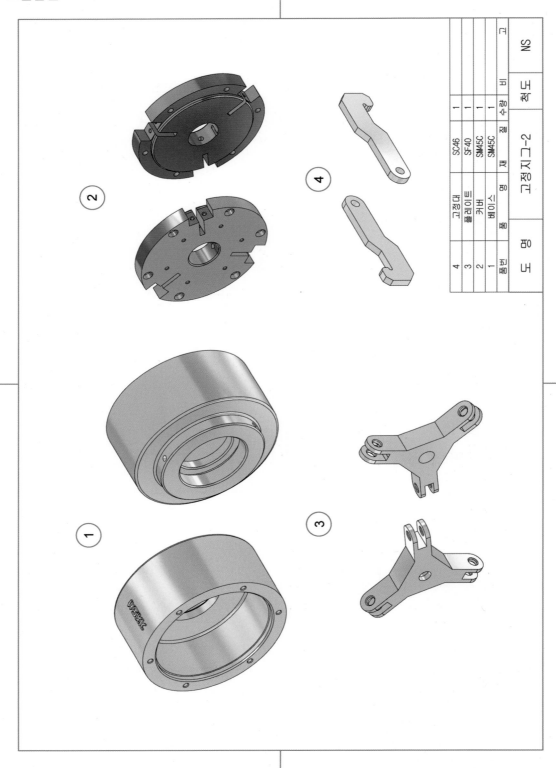

품번	품 명	재 질	수량	비 고
4	고정대	SC46	1	
3	플레이트	SF40	1	
2	커버	SM45C	1	
1	베이스	SM45C	1	

도 명	고정지그-2	척도	NS

6. 3D 등각분해도

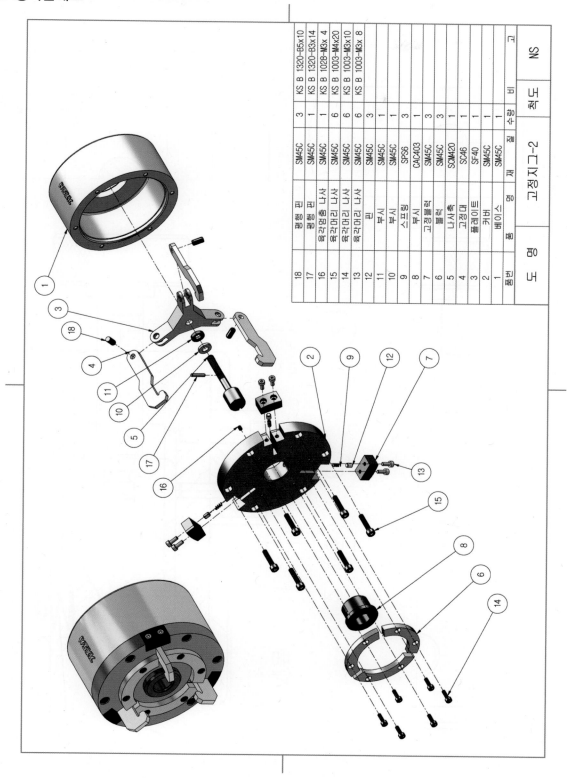

품번	품 명	재 질	수 량	비 고	NS
18	평행 핀	SM45C	3	KS B 1320-B5x10	
17	평행 핀	SM45C	1	KS B 1320-B3x14	
16	육각렌치 나사	SM45C	6	KS B 1028-M3x 4	
15	육각머리 나사	SM45C	6	KS B 1003-M4x20	
14	육각머리 나사	SM45C	6	KS B 1003-M3x10	
13	육각머리 나사	SM45C	6	KS B 1003-M3x 8	
12	판	SM45C	3		
11	부시	SM45C	1		
10	링스프	SPS6	3		
9	부시	CAC403	1		
8	고정블럭	SM45C	3		
7	블럭	SM45C	3		
6	나사축	SCM420	1		
5	고정대	SC46	1		
4	플레이트	SF40	1		
3	커버	SM45C	1		
2	베이스	SM45C	1		
1					

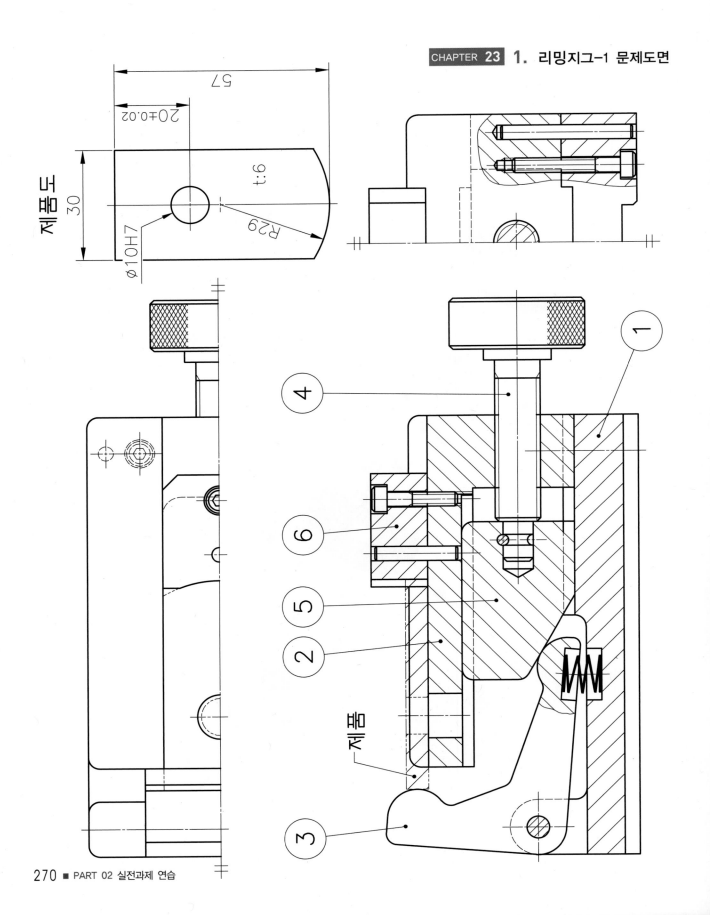

제품도

57

20±0.02

30

Ø10H7

R29

t:6

4

1

6

5

2

제품

3

2. 등각조립도

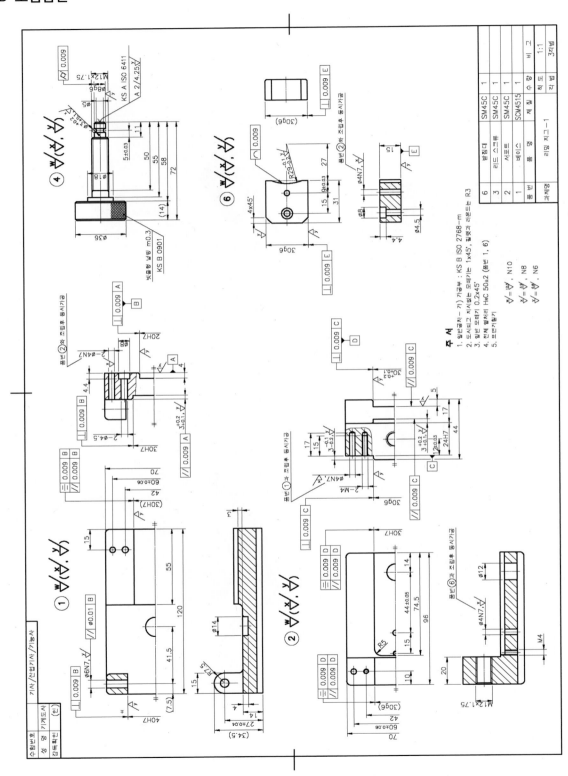

4. 2D 채점 Point

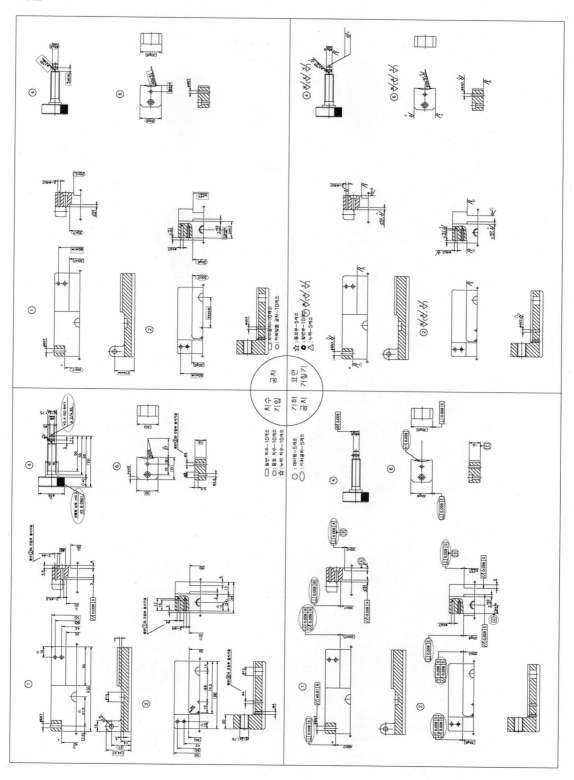

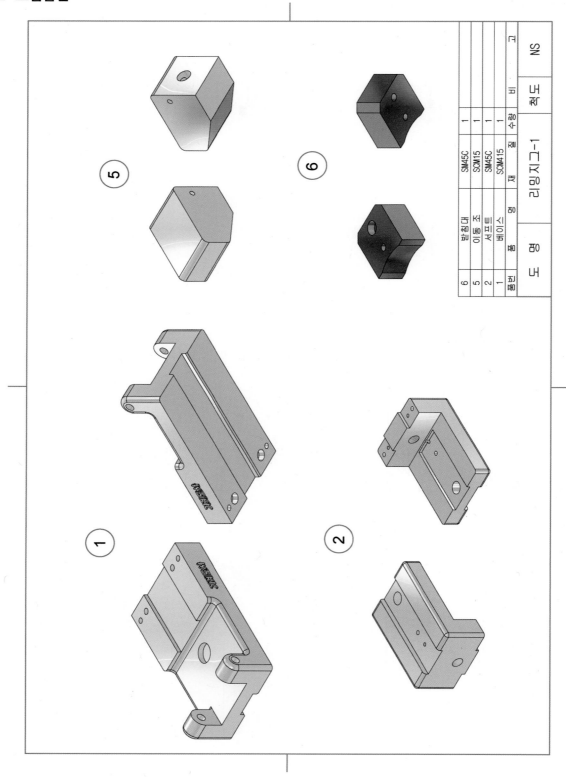

품번	품명	재질	수량	비고
6	받침대	SM45C	1	
5	이동조	SCM15	1	
2	서포트	SM45C	1	
1	베이스	SCM415	1	

도 명	리밍지그-1	척 도	NS

6. 3D 등각분해도

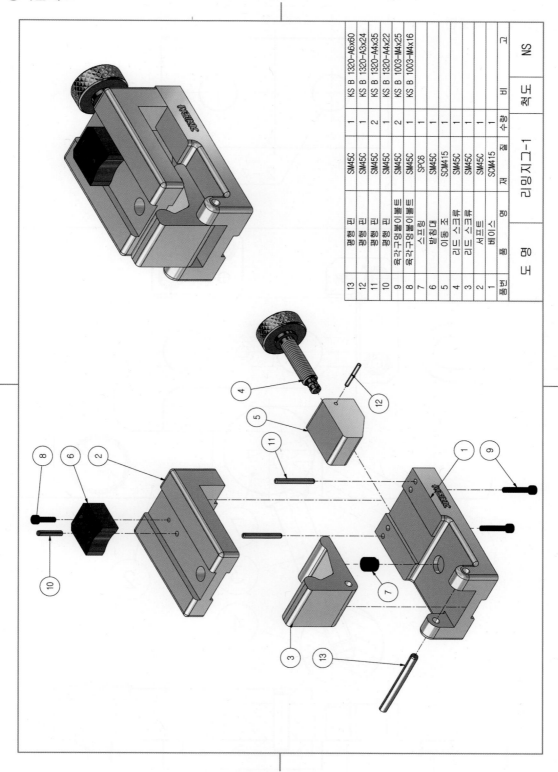

품번	품 명	재 질	수량	비 고
13	평행 핀	SM45C	1	KS B 1320-A6x60
12	평행 핀	SM45C	1	KS B 1320-A3x24
11	평행 핀	SM45C	2	KS B 1320-A4x35
10	평행 핀	SM45C	1	KS B 1320-A4x22
9	육각구멍붙이볼트	SM45C	2	KS B 1003-M4x25
8	육각구멍붙이볼트	SM45C	1	KS B 1003-M4x16
7	스프링	SPC6	1	
6	받침대	SM45C	1	
5	이동조	SCM415	1	
4	리드 스크류	SM45C	1	
3	리드 스크류	SM45C	1	
2	서포트	SM45C	1	
1	베이스	SCM415	1	

리밍지그-1

척도 NS

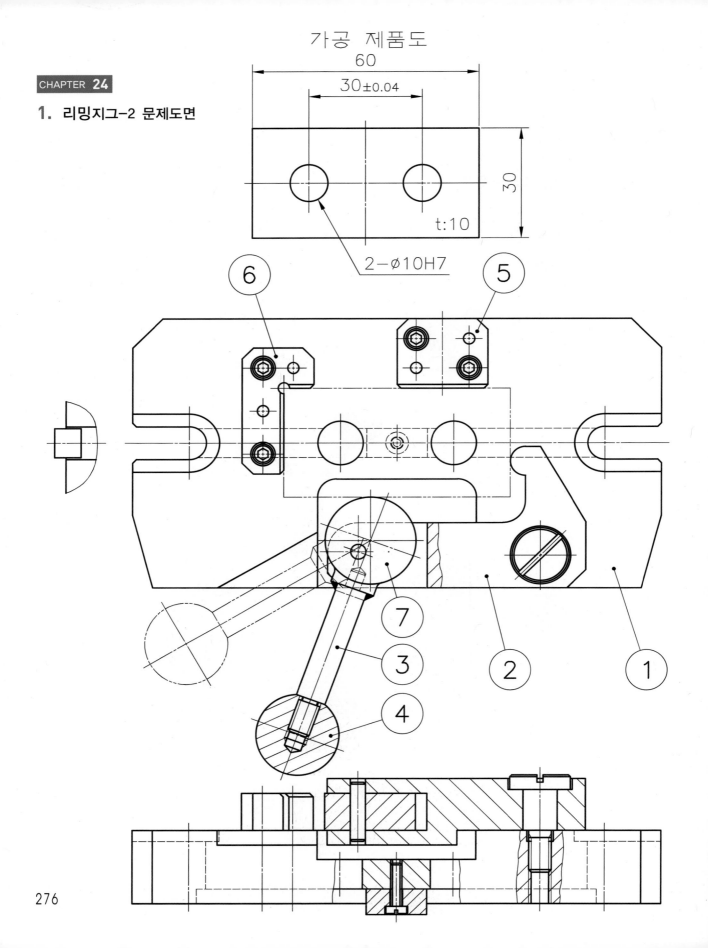

CHAPTER 24

1. 리밍지그-2 문제도면

가공 제품도

60

30±0.04

30

t:10

2-Ø10H7

6

5

7

3

4

2

1

2. 등각조립도

3. 2D 모범답안

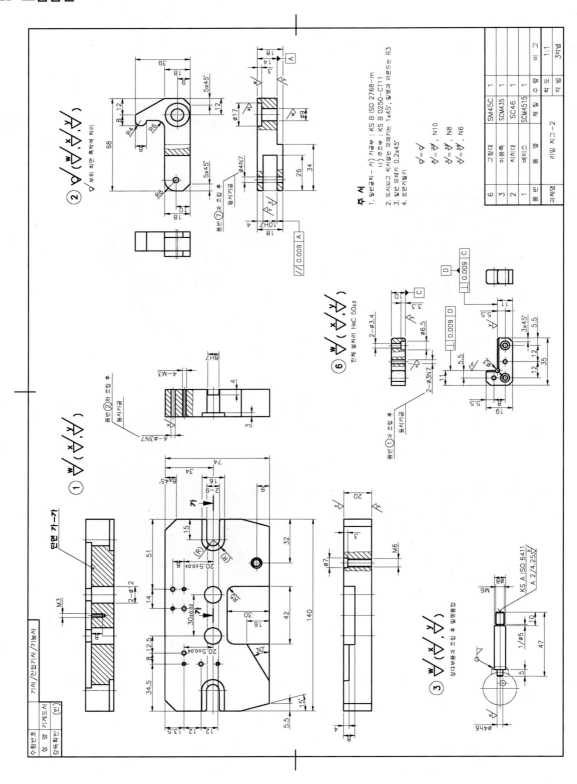

주서

1. 일반공차 - 가) 가공부 : KS B ISO 2768-m
   나) 주조부 : KS B 0250-CT11
2. 도시되고 지시없는 모떼기는 1x45', 필렛과 라운드는 R3
3. 일반 모떼기 0.2x45'
4. 표면거칠기

$\forall = \sqrt{}$, N10

$\forall = \sqrt{}$, N8

$\forall = \sqrt{}$, N6

6	고정대	SM45C	1	
3	이음쇠	SCM435	1	
2	지지대	SC46	1	
1	베이스	SCM4515	1	
품번	품명	재질	수량	비고

과제명	리밍 지그-2	척도	1:1
		각법	3각법

4. 2D 채점 Point

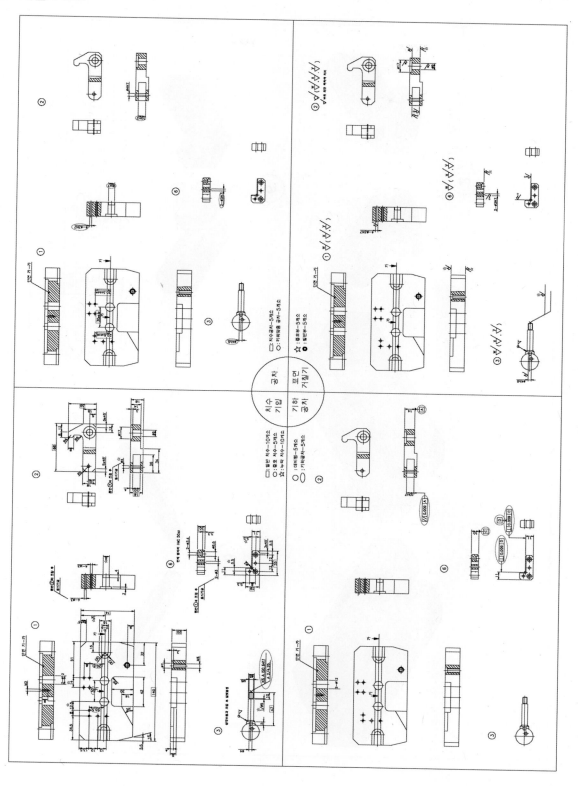

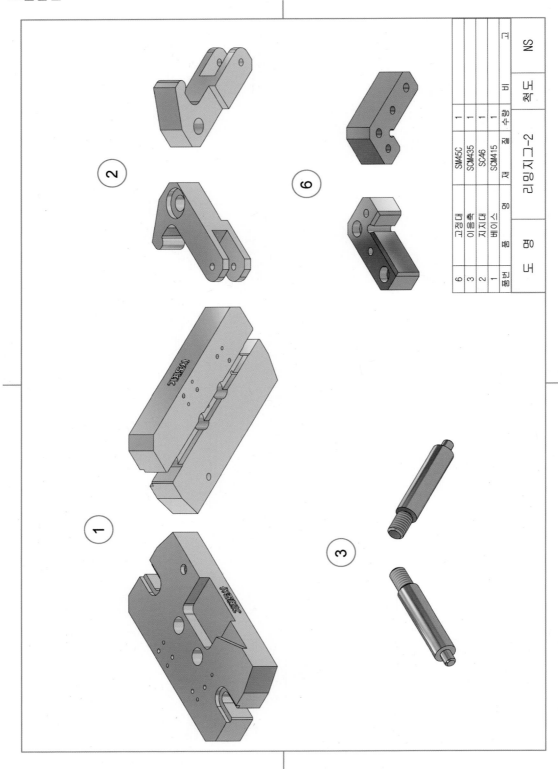

품번	품 명	재 질	수량	비 고
6	고정대	SM45C	1	
3	이음축	SCM435	1	
2	지지대	SC46	1	
1	베이스	SCM415	1	

도 명	리밍지그-2	척도	NS

6. 3D 등각분해도

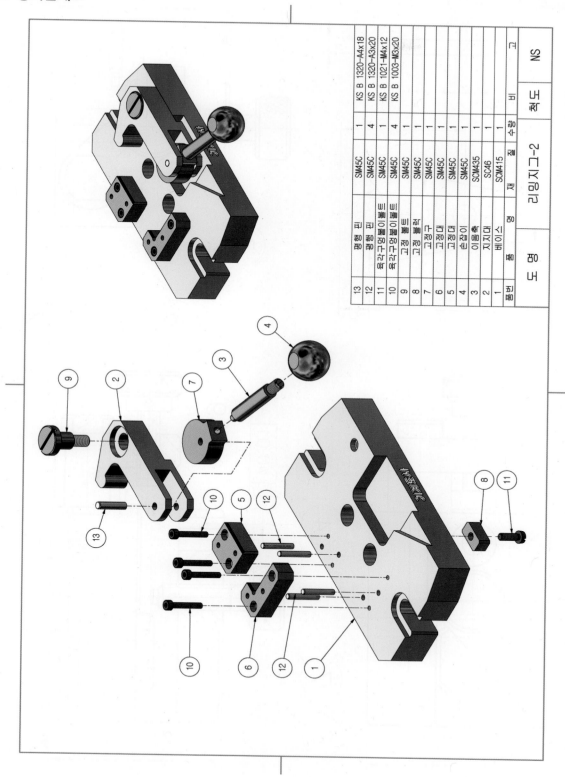

품번	품명	재질	수량	척도	비고
13	평행 핀	SM45C	1		KS B 1320-A4x18
12	평행 핀	SM45C	4		KS B 1320-A3x20
11	육각구멍붙이볼트	SM45C	1		KS B 1021-M4x12
10	육각구멍붙이볼트	SM45C	4		KS B 1003-M3x20
9	볼트	SM45C	1		
8	고정핀	SM45C	1		
7	고정구	SM45C	1		
6	고정대	SM45C	1		
5	고정대	SM45C	1		
4	손잡이	SM45C	1		
3	이음축	SCM435	1		
2	지지대	SC46	1		
1	베이스	SCM415	1		

리밍지그-2

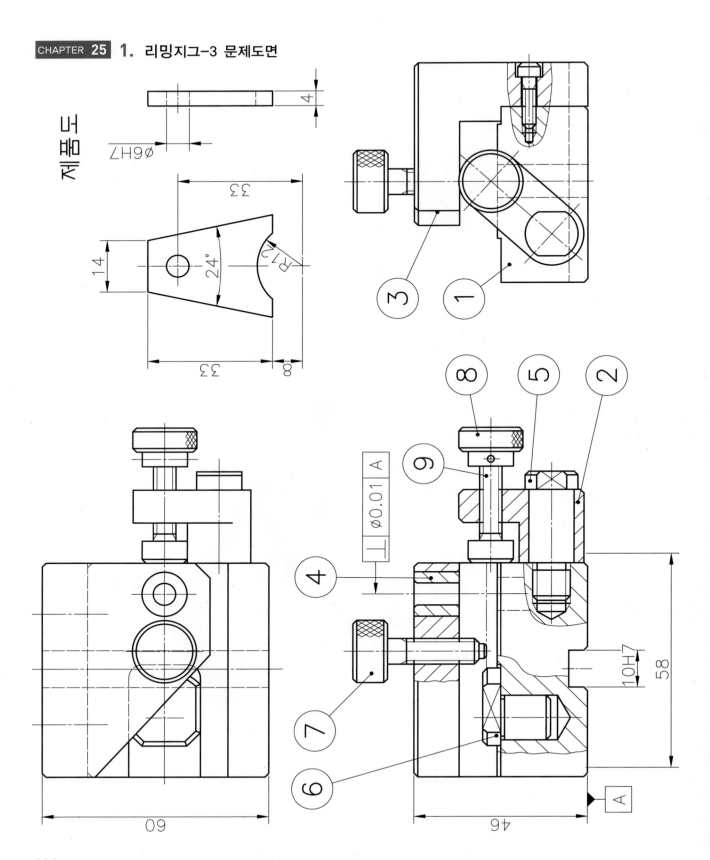

2. 등각조립도

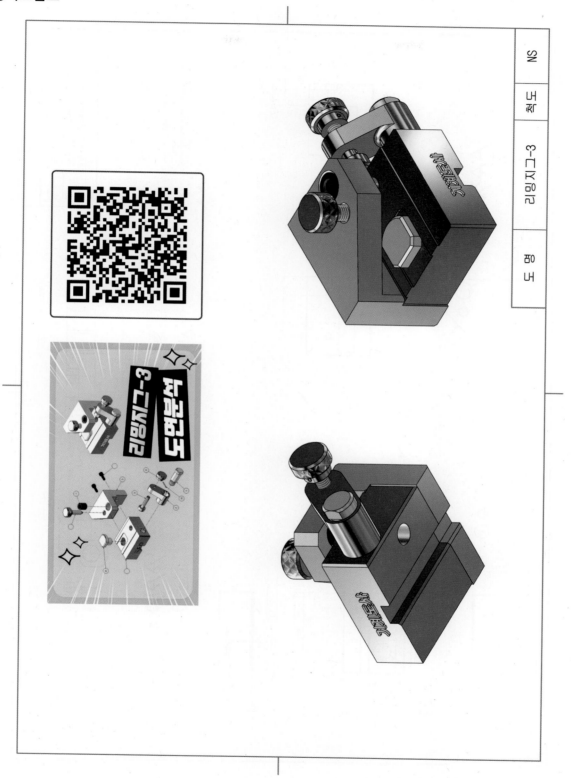

3. 2D 모범답안

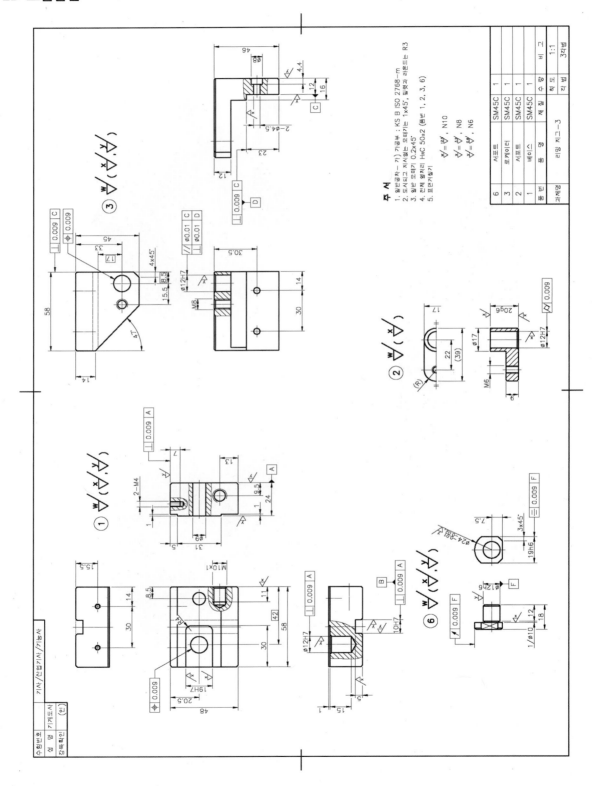

4. 2D 채점 Point

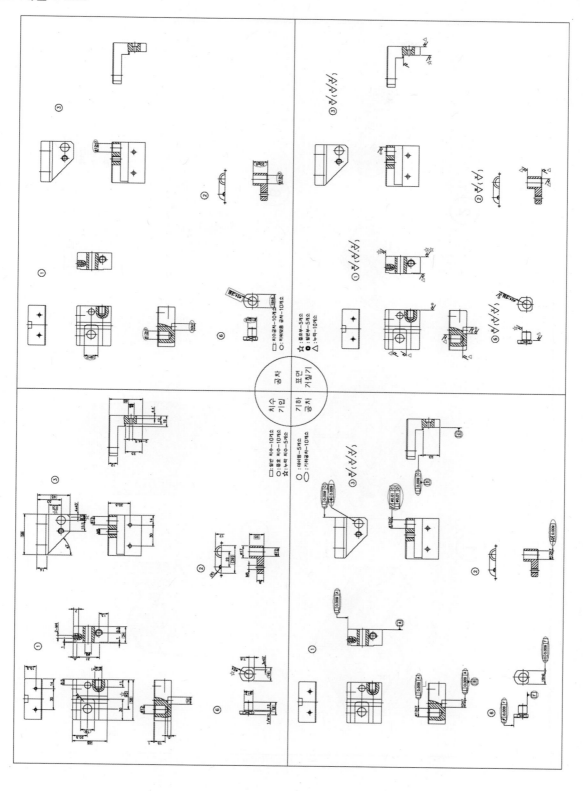

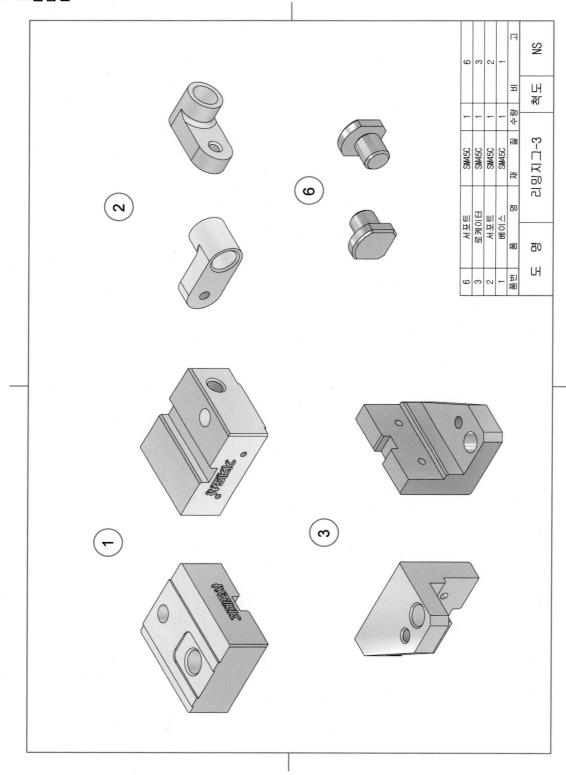

품번	품 명	재 질	수량	비 고
6	서포트	SM45C	1	6
3	로케이터	SM45C	1	3
2	서포트	SM45C	1	2
1	베이스	SM45C	1	1

도 명	척 도	NS
리밍지그-3		

6. 3D 등각분해도

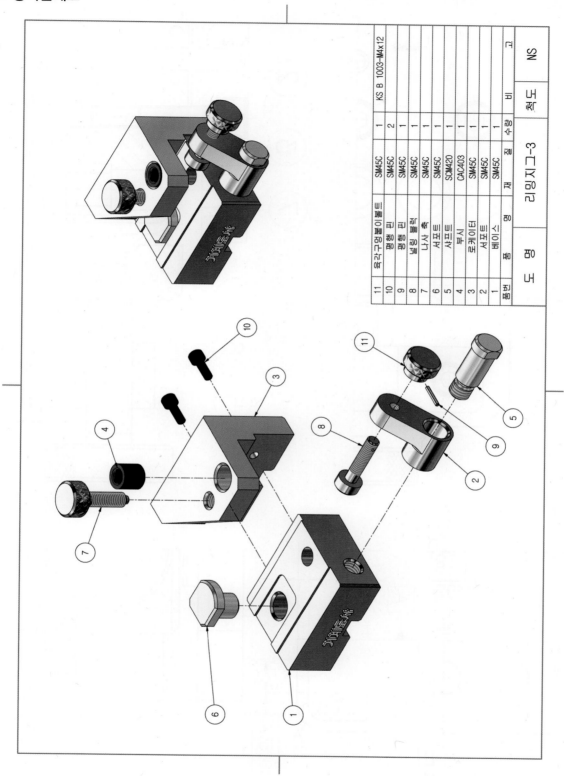

품번	품 명	재 질	수량	비 고
11	육각구멍붙이볼트	SM45C	1	KS B 1003-M4x12
10	평행핀	SM45C	2	
9	평행핀	SM45C	1	
8	널링볼트	SM45C	1	
7	나사 축	SM45C	1	
6	서포트	SM45C	1	
5	부시	SCM420	1	
4	로케이터	CAC403	1	
3	서포트	SM45C	1	
2	베이스	SM45C	1	
1	품명	재질	수량	비고

도 명	리밍지그-3	척 도	NS

제품도

10±0.02

36±0.02

82

37

31

25

3

3

R4

6-Ø9H7

A

⊥ | Ø0.008 | A

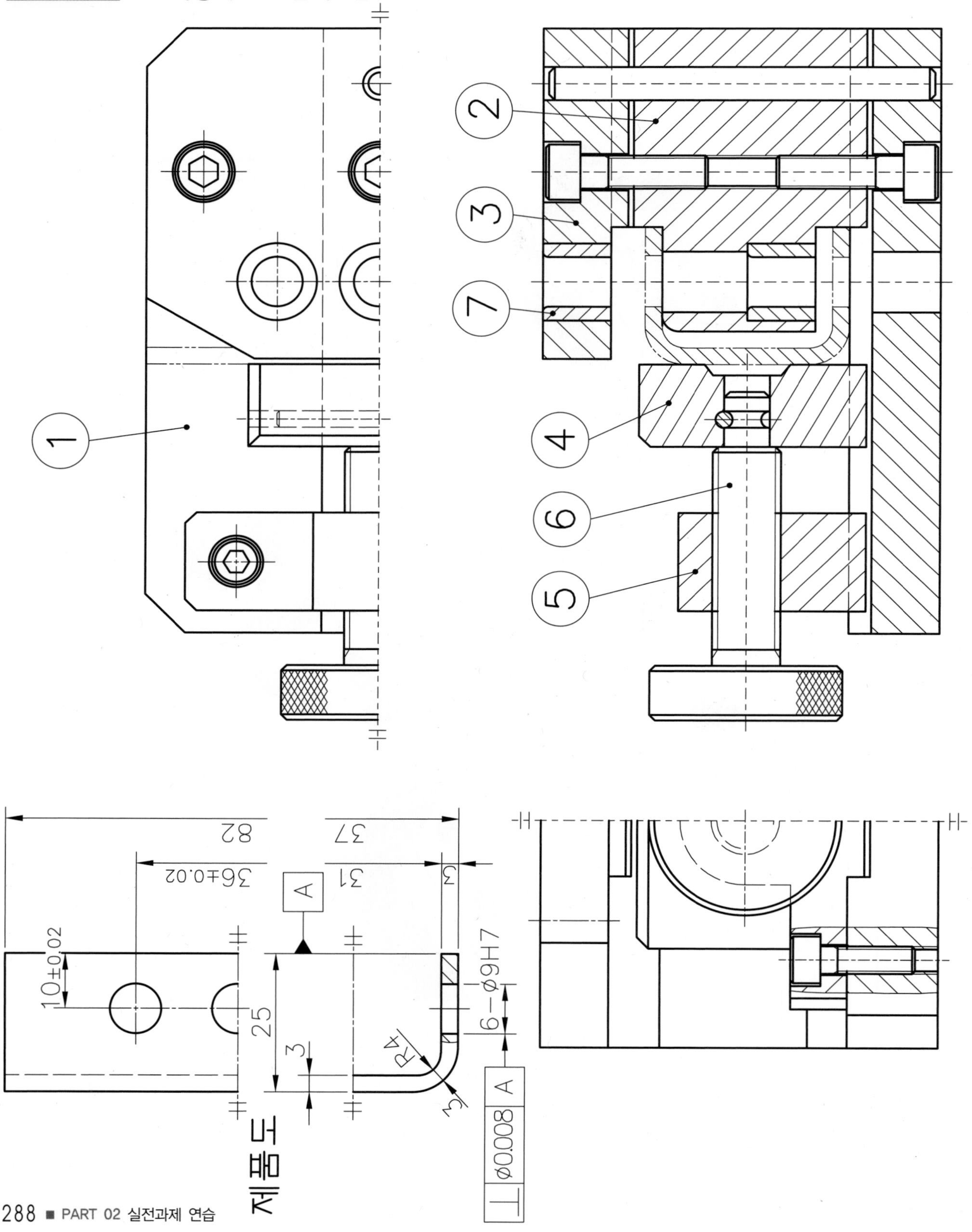

2. 등각조립도

3. 2D 모범답안

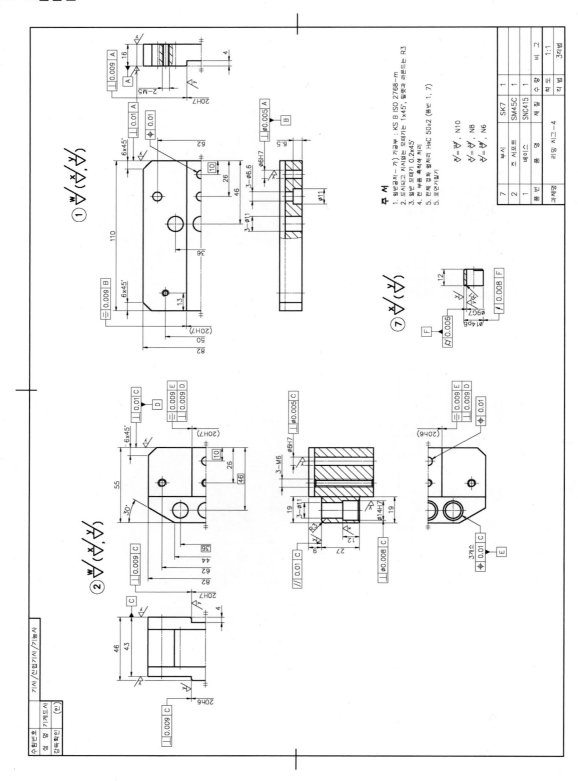

4. 2D 채점 Point

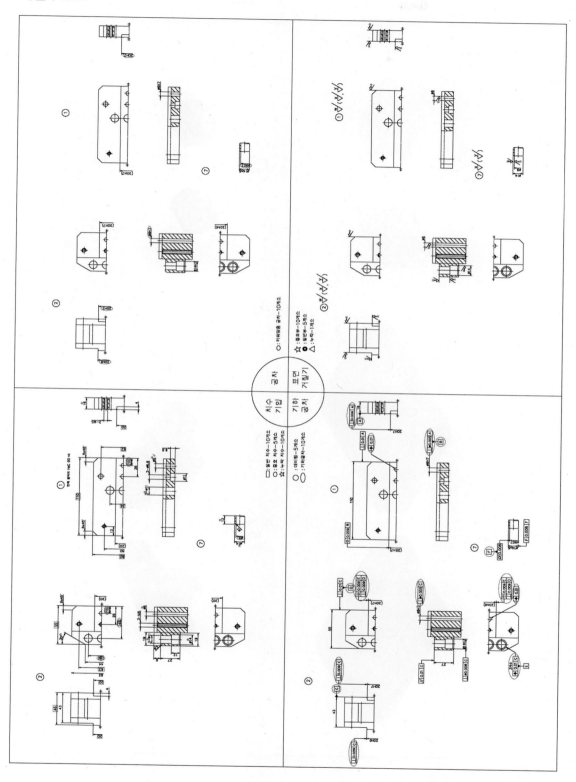

5. 3D 모범답안

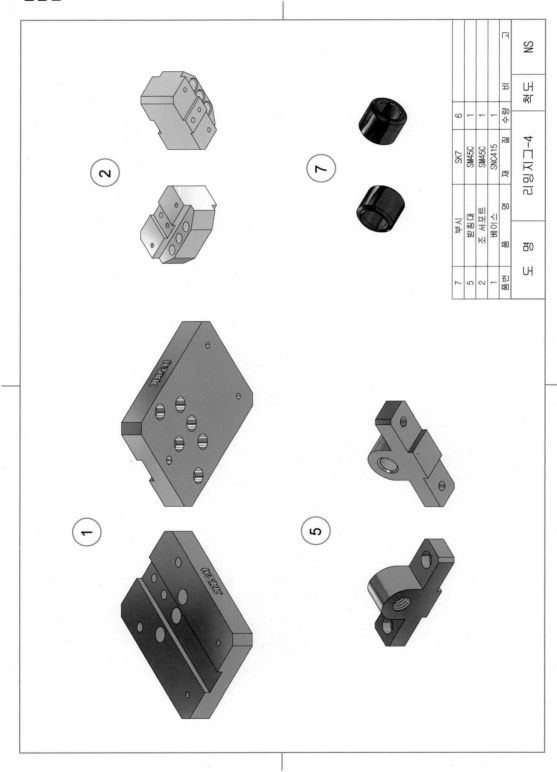

품번	품 명	재 질	수량	비 고
7	부시	SK7	6	
5	받침대	SM45C	1	
2	조서포트	SM45C	1	
1	베이스	SNC415	1	

리밍지그-4

척도 NS

6. 3D 등각분해도

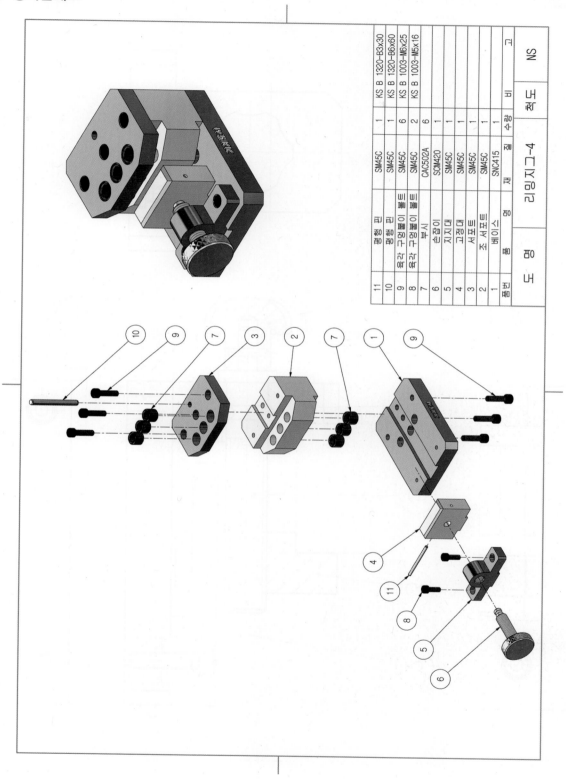

품번	품 명	재 질	수량	비 고
11	평행 핀	SM45C	1	KS B 1320-B3x30
10	평행 핀	SM45C	1	KS B 1320-B6x60
9	육각 구멍붙이 볼트	SM45C	6	KS B 1003-M6x25
8	육각 구멍붙이 볼트	SM45C	2	KS B 1003-M5x16
7	부시	CAC502A	6	
6	손잡이	SCM420	1	
5	지지대	SM45C	1	
4	고정대	SM45C	1	
3	서포트	SM45C	1	
2	조 서포트	SNC415	1	
1	베이스			

NS	척도	리밍지그-4	명 도

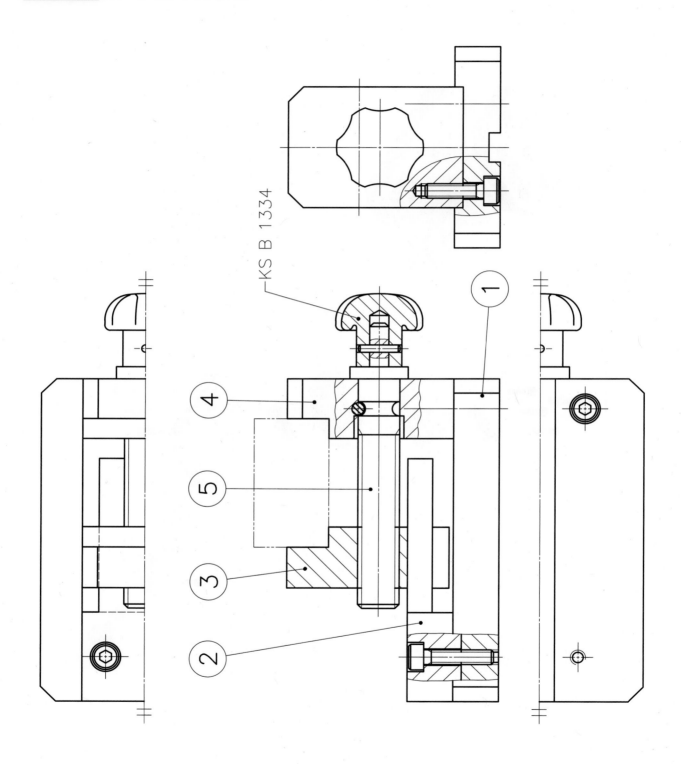

KS B 1334

2. 등각조립도

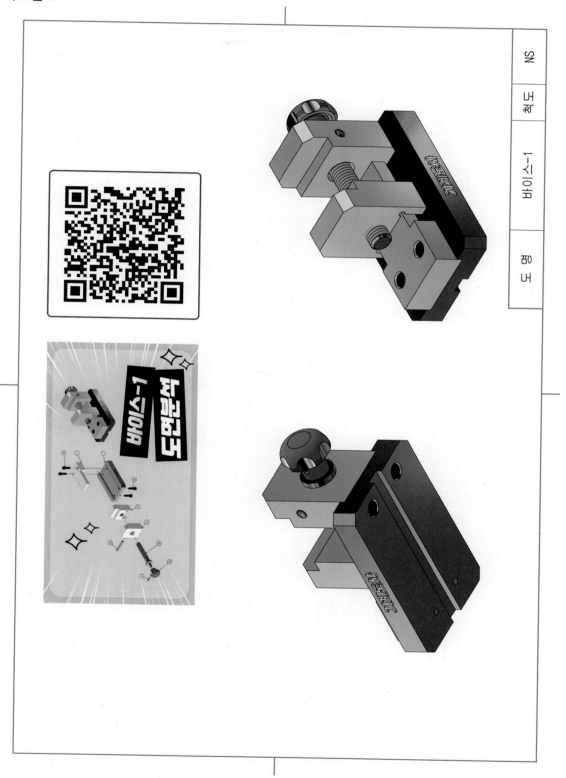

3. 2D 모범답안

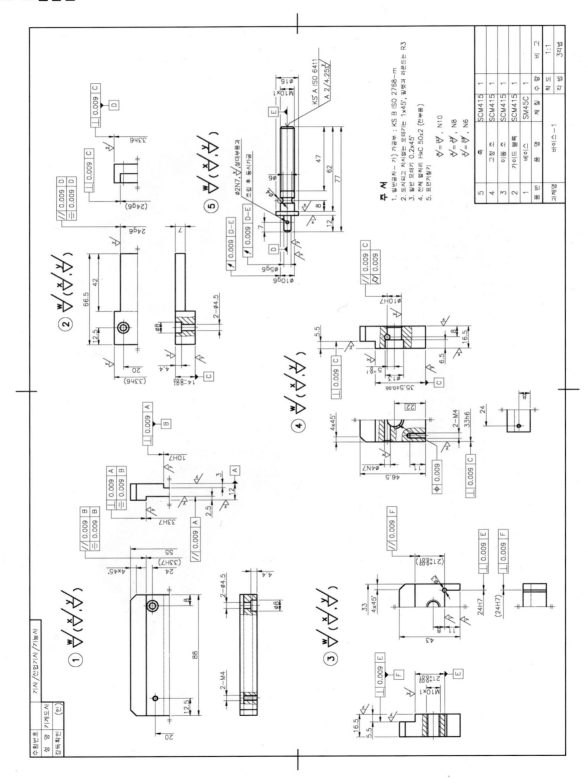

4. 2D 채점 Point

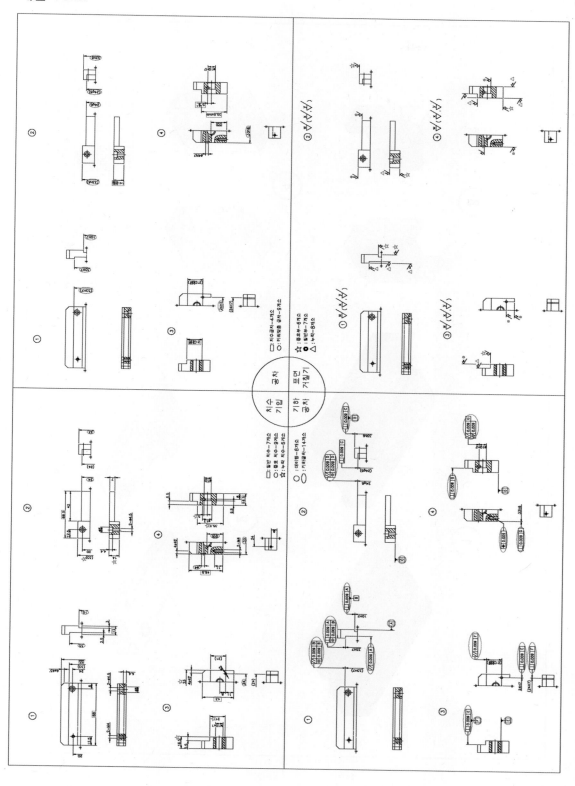

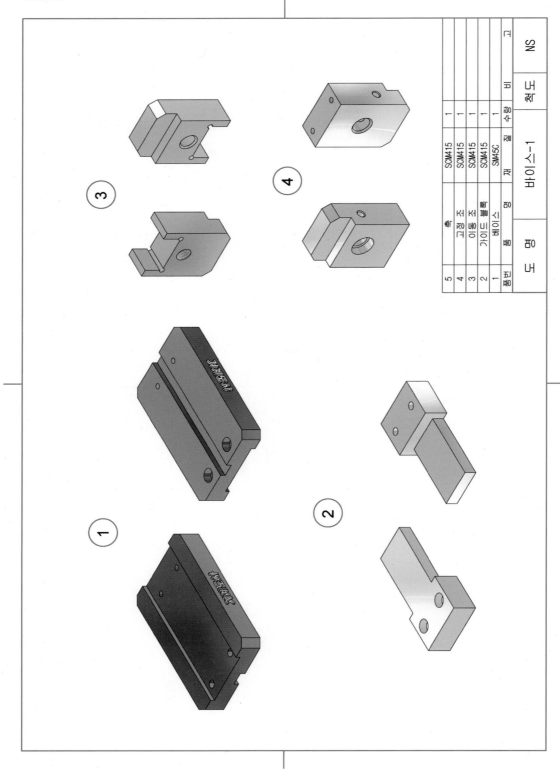

5	4	3	2	1	품번		
	고정 조	이동 조	가이드 블록	베이스	품 명	도 면	도 면
	SCM415	SCM415	SCM415	SM45C	재 질	바이스-1	척 도
	1	1	1	1	수량		NS
				비 고		고	

6. 3D 등각분해도

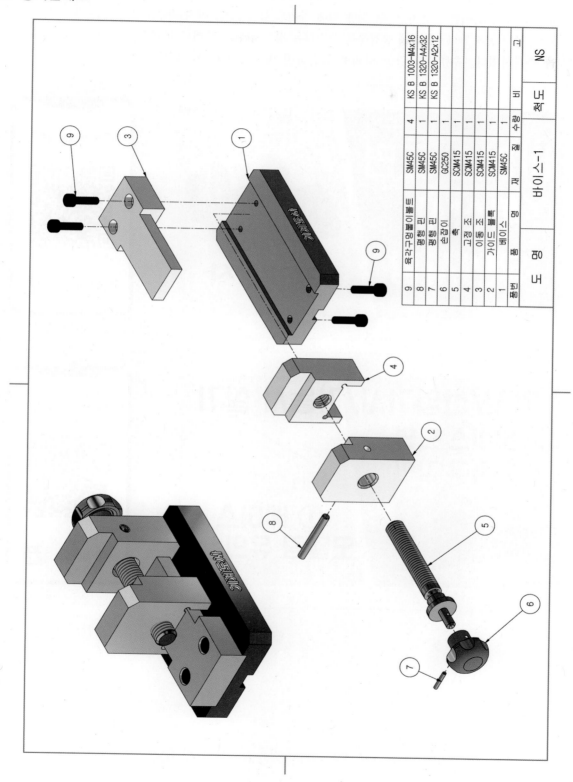

품번	품명	재질	수량	비고
9	육각구멍붙이볼트	SM45C	4	KS B 1003-M4×16
8	평행핀	SM45C	1	KS B 1320-A4×32
7	평행핀	SM45C	1	KS B 1320-A2×12
6	손잡이	GC250	1	
5	축	SCM415	1	
4	고정 조	SCM415	1	
3	이동 조	SCM415	1	
2	가이드블록	SM45C	1	
1	베이스			

도면 바이스-1

척도 NS

바이스(Vise)는 기계공작에서 공작물을 끼워 고정하는 기구를 뜻한다. 베이스 부품(①)은 다른 부품을 지지하고 있고 이동조(③)가 손잡이를 회전하면 축(⑤)에 의해 가이드 블록(②)을 따라 좌우로 이동하는 장치이다. 결론적으로 이동조(③)와 고정조(④)에 의해 공작물을 고정하는 장치이다. 인벤터로 모델링 및 오토캐드로 치수기입하는 영상을 수록하였다. 유튜브 동영상 강의로 학습하며 바이스에 대한 이해를 높이도록 한다.

기사/산업기사/기능사 실기
바이스 도면
치공구 강의

② 가이드 블록
모델링/유의사항

| 동영상 해설 강의 |

▶ YouTube 기계도사

기사/산업기사/기능사 실기
바이스 도면
치공구 강의

③ 고정조 ④ 이동조
모델링/유의사항

| 동영상 해설 강의 |

▶ YouTube 기계도사

기사/산업기사/기능사 실기
바이스 도면
치공구 강의

⑤ 축
모델링/유의사항

| 동영상 해설 강의 |

▶ YouTube 기계도사

기사/산업기사/기능사 실기

바이스 도면
치공구 강의

3D → 2D
인벤터→ 캐드
도면화
유의사항

동영상 해설 강의

▶ YouTube 기계도사

기사/산업기사/기능사 실기

바이스 도면
① 베이스
2D 치수기입

치공구 강의

꼭 보세요 .. 두번 보세요 👍

동영상 해설 강의

▶ YouTube 기계도사

기사/산업기사/기능사 실기

바이스 도면
② 가이드 블럭
2D 치수기입

치공구 강의

꼭 보세요 .. 두번 보세요 👍

동영상 해설 강의

▶ YouTube 기계도사

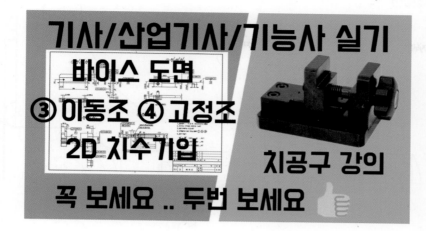

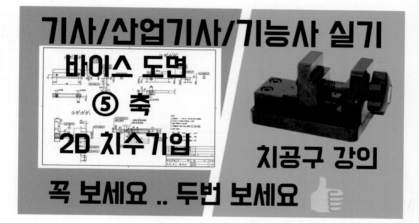

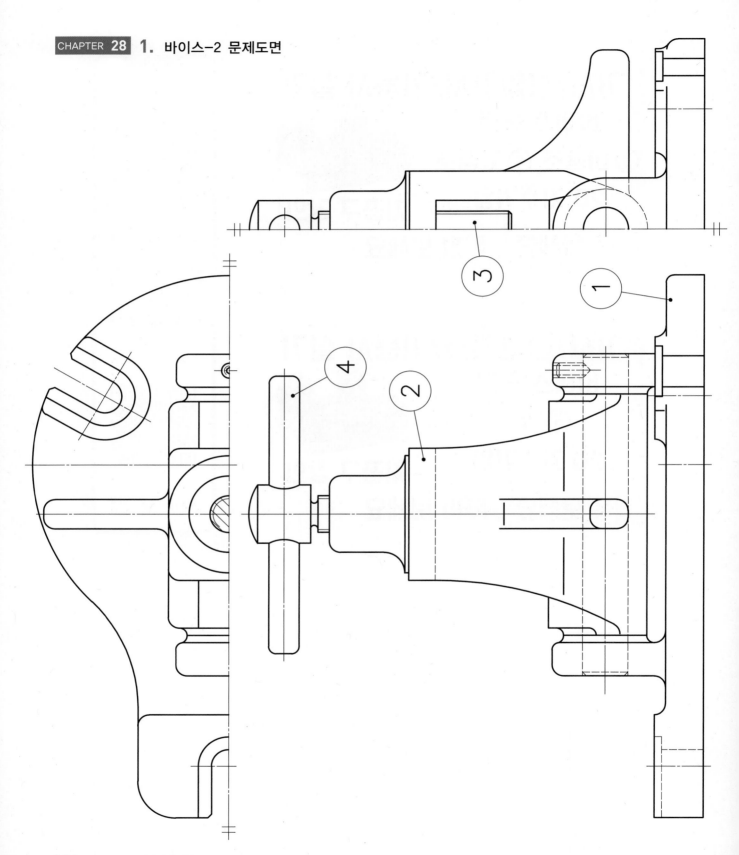

2. 등각조립도

3. 2D 모범답안

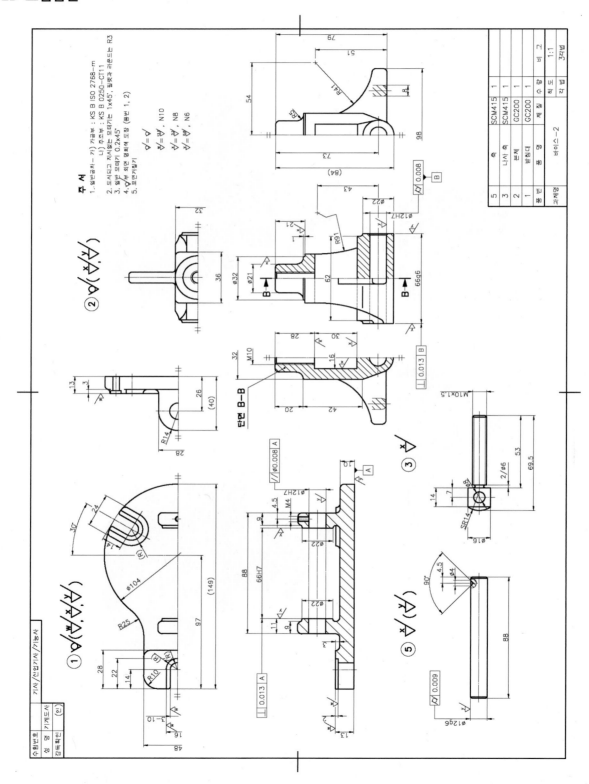

4. 2D 채점 Point

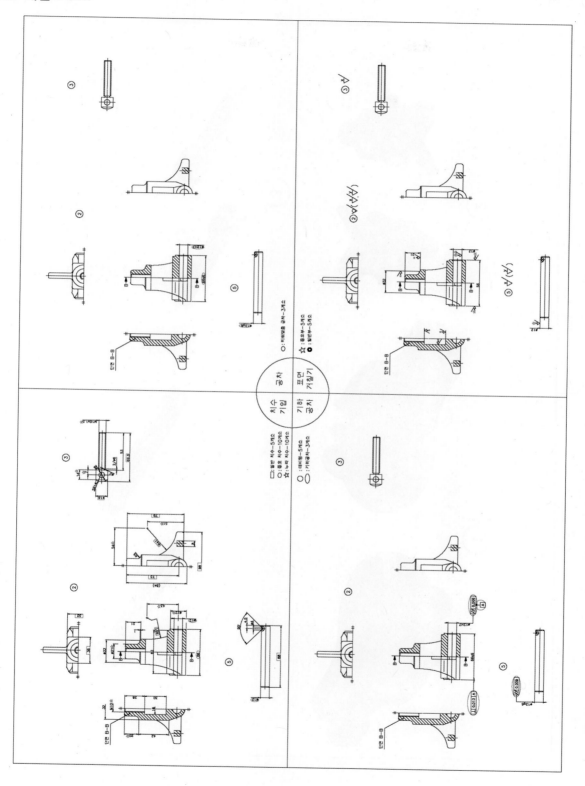

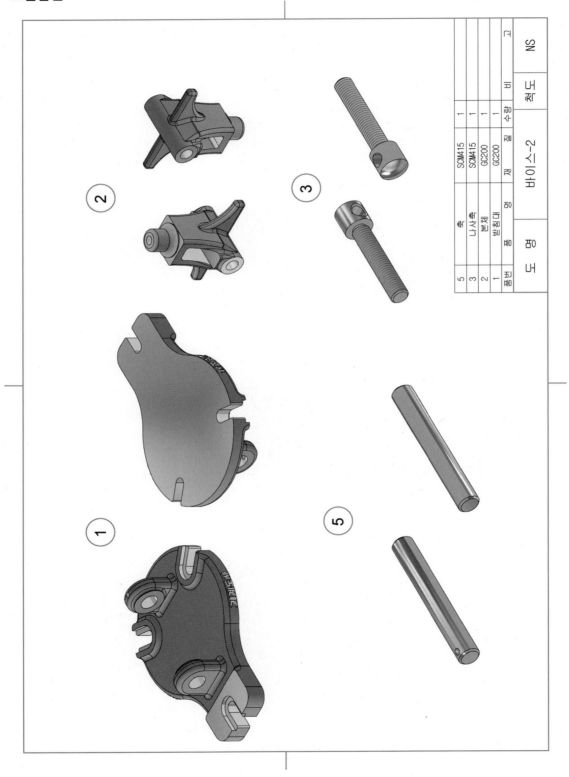

5	3	2	1	품번		
축	나사축	본체	받침대	품 명	도 명	바이스-2
SCM415	SCM415	GC200	GC200	재 질		
1	1	1	1	수량	척도	NS
				비 고		

6. 3D 등각분해도

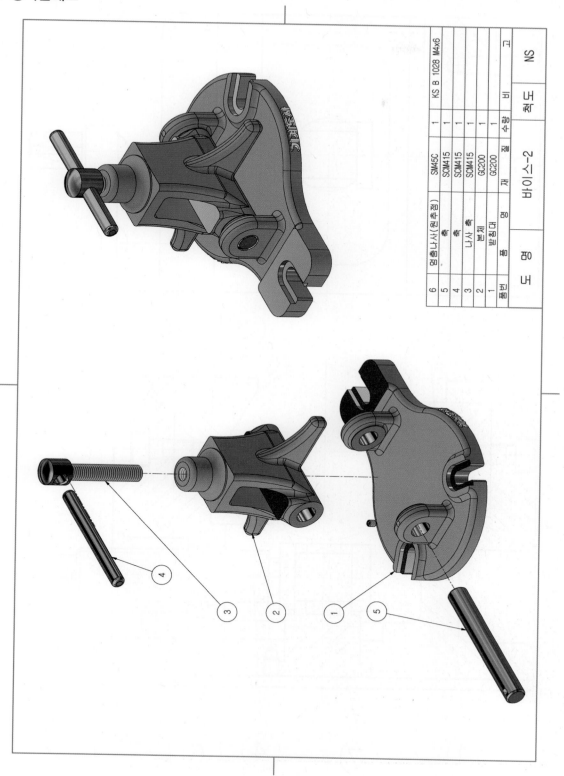

품번	품명	재질	수량	비고
6	멈춤나사(헐축정)	SM45C	1	KS B 1028 M4x6
5	축	SCM415	1	
4	나사축	SCM415	1	
3	본체	GC200	1	
2	받침대	GC200	1	
1				

명칭	바이스-2	척도	NS

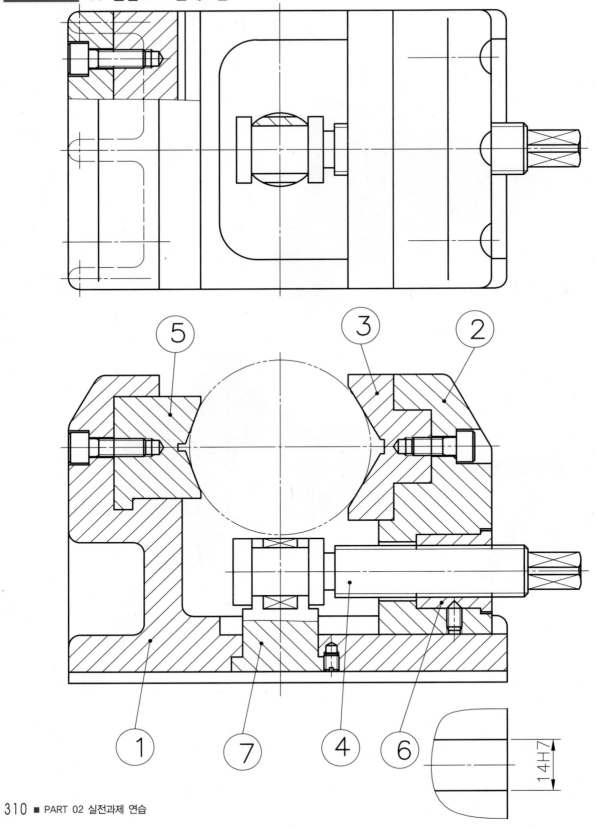

14H7

2. 등각조립도

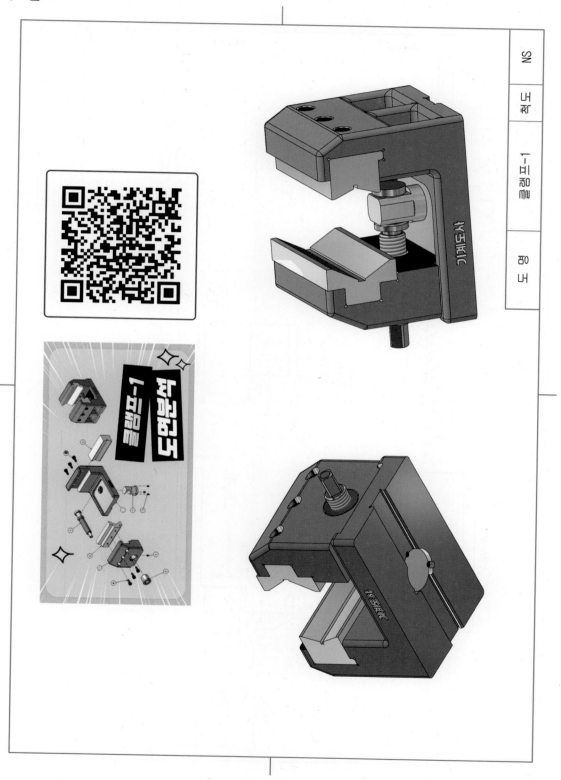

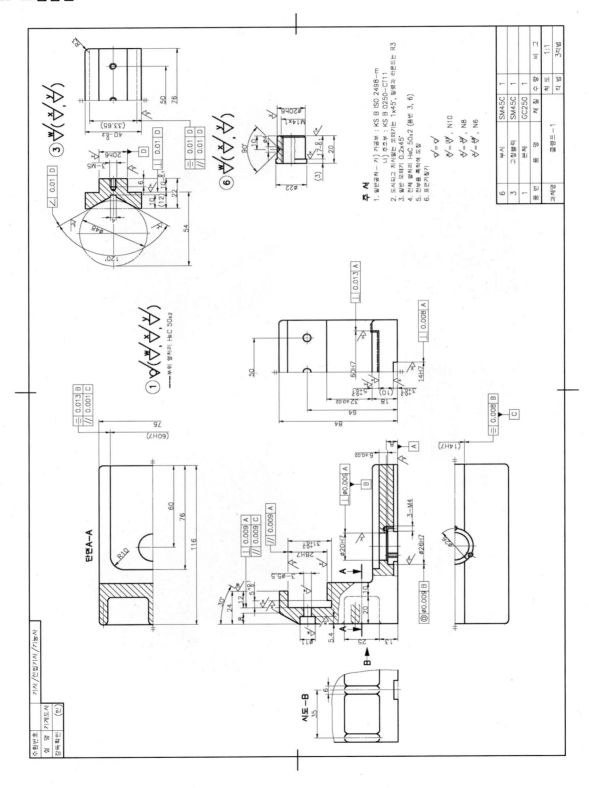

4. 2D 채점 Point

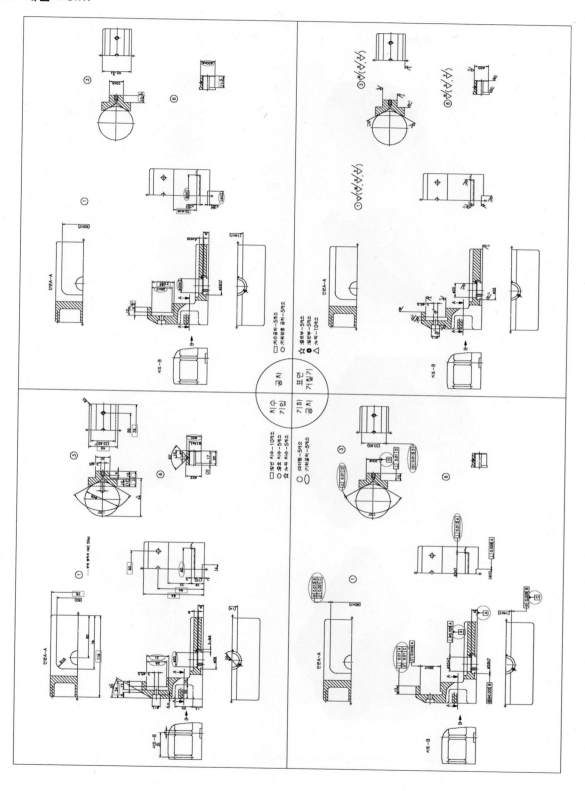

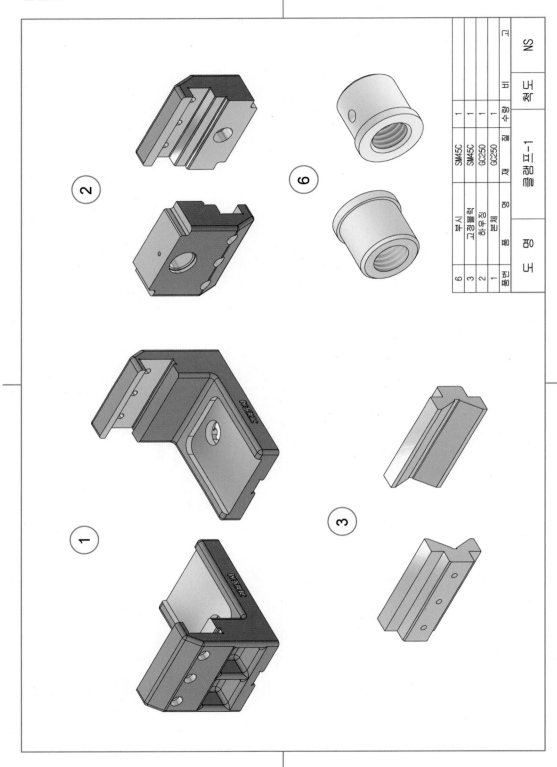

품번	품명	재질	수량	비고
1	본체	GC250	1	
2	하우징	GC250	1	
3	고정블럭	SM45C	1	
6	지지구	SM45C	1	

클램프-1

척도 NS

6. 3D 등각분해도

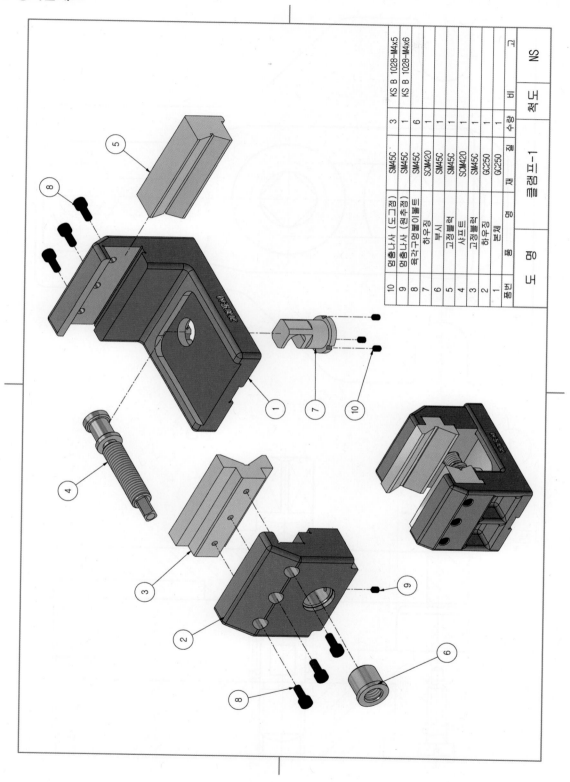

품번	품명	재질	수량	비고
10	멈춤나사 (도그점)	SM45C	3	KS B 1028-M4x5
9	멈춤나사 (원추점)	SM45C	1	KS B 1028-M4x6
8	육각구멍붙이볼트	SM45C	6	
7	하우징	SCM420	1	
6	부시	SM45C	1	
5	고정롤러	SM45C	1	
4	샤프트	SCM420	1	
3	고정롤러	SM45C	1	
2	하우징	GC250	1	
1	본체	GC250	1	
품번	품명	재질	수량	비고
도명		클램프-1		척도	NS

18

①

②

③

⑤

⑥

④

가공 제품

⌀22H7

⑥

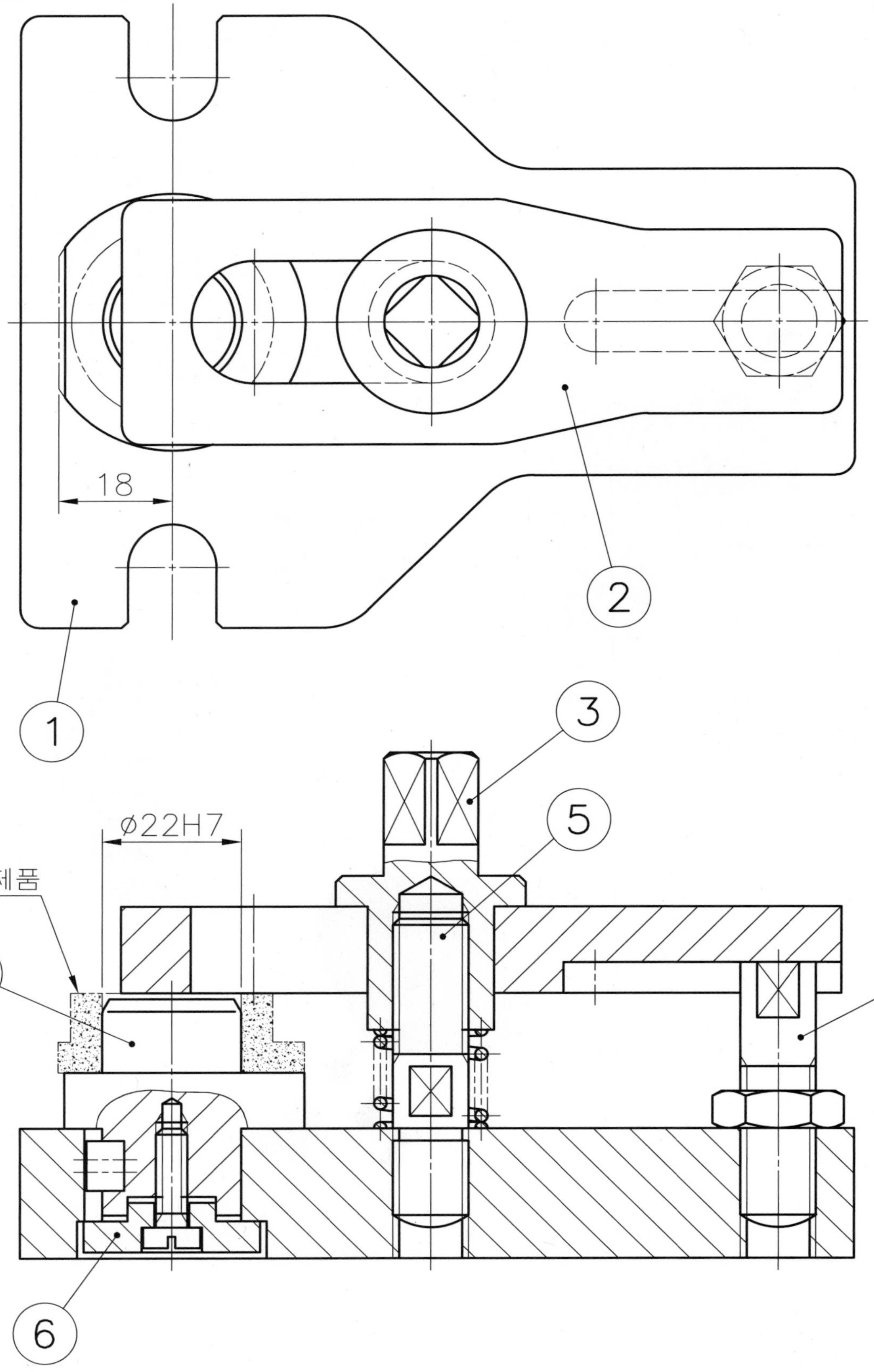

2. 등각조립도

3. 2D 모범답안

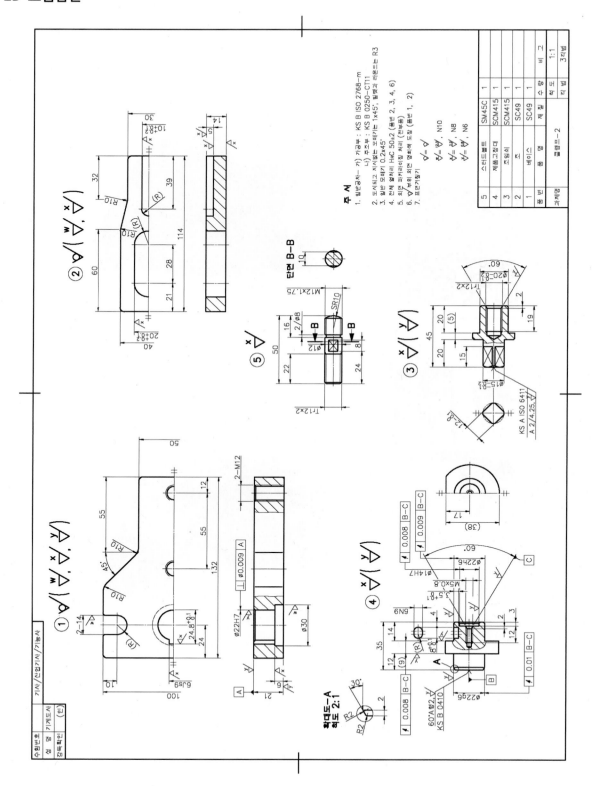

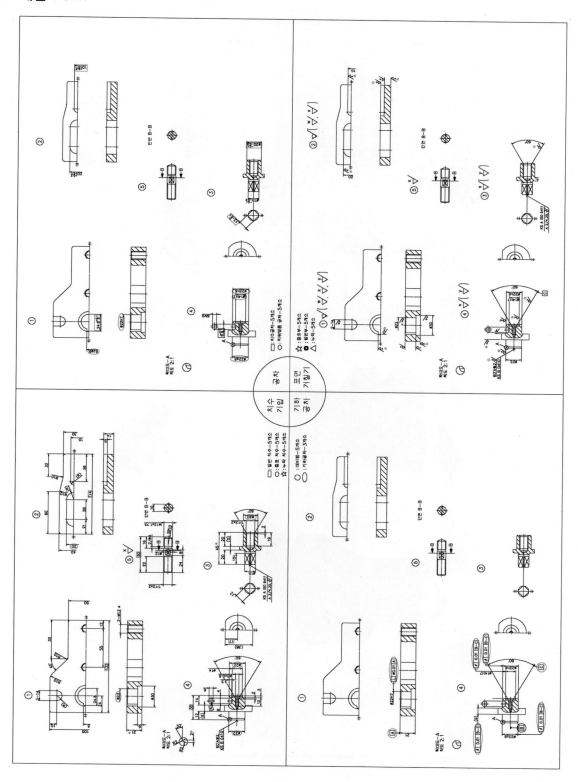

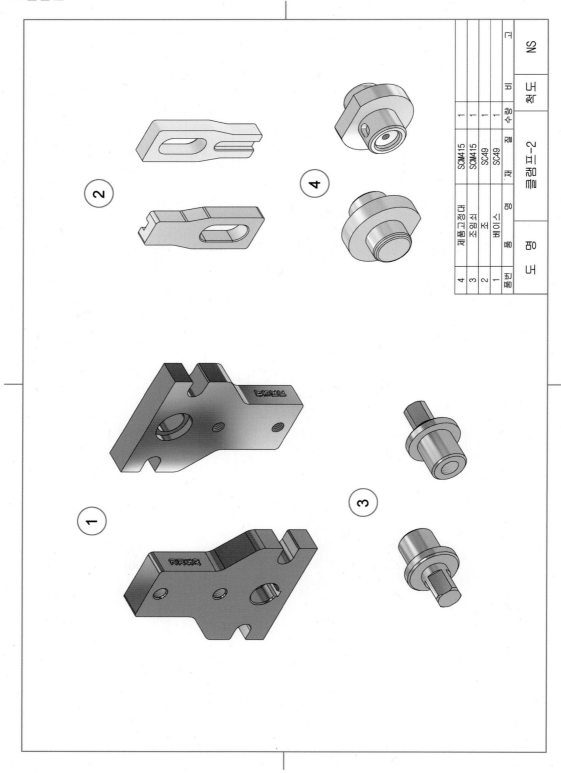

품번	품명	재질	수량	비고
4	제품고정대	SCM415	1	
3	조임쇠	SCM415	1	
2	조	SC49	1	
1	베이스	SC49	1	

품번	명칭	척도	NS
	클램프-2		

6. 3D 등각분해도

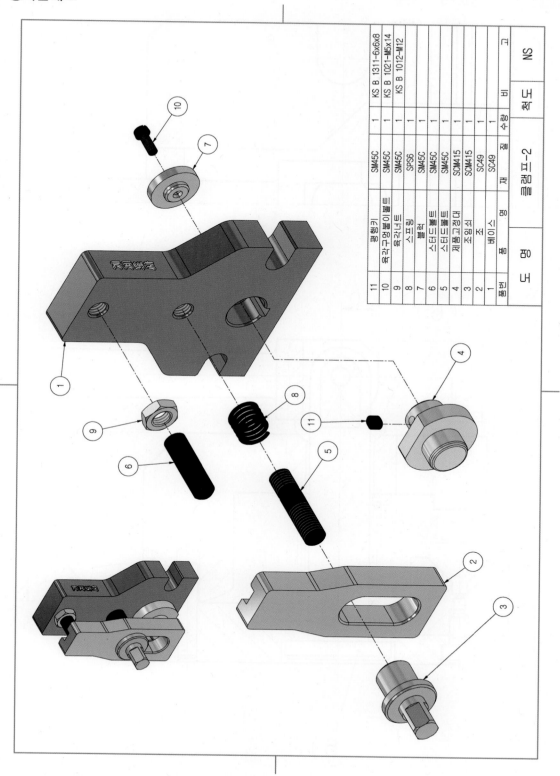

품번	품 명	재 질	수량	비 고
11	평행기	SM45C	1	
10	육각구멍붙이볼트	SM45C	1	KS B 1311-6x6x8
9	육각너트	SM45C	1	KS B 1021-M5x14
8	스프링	SPS6	1	KS B 1012-M12
7	롤러	SM45C	1	
6	스터드볼트	SM45C	1	
5	스터드볼트	SM45C	1	
4	제품고정대	SCM415	1	
3	조임쇠	SCM415	1	
2	조	SC49	1	
1	베이스	SC49	1	
품번	품 명	재 질	수량	비 고

도 명 클램프-2 척도 NS

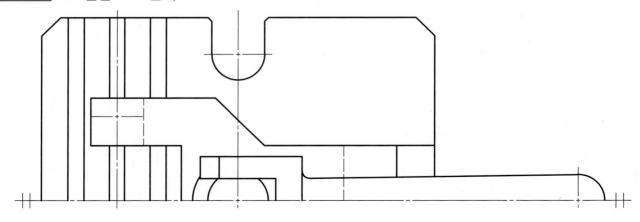

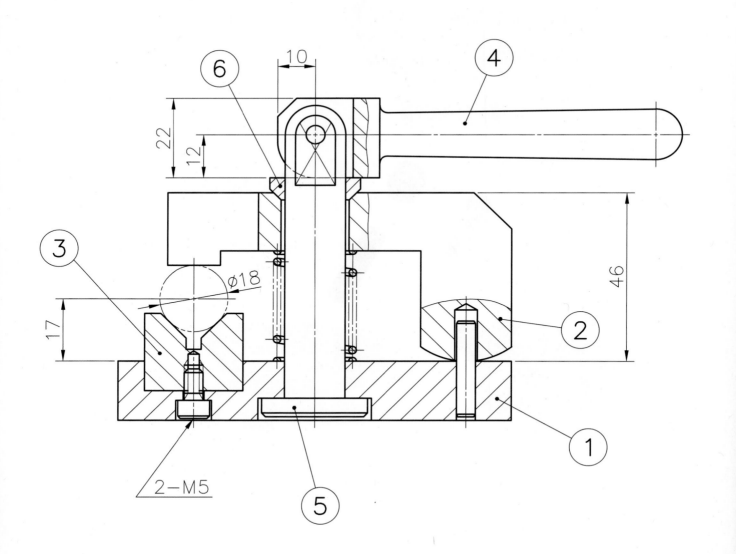

2. 등각조립도

3. 2D 모범답안

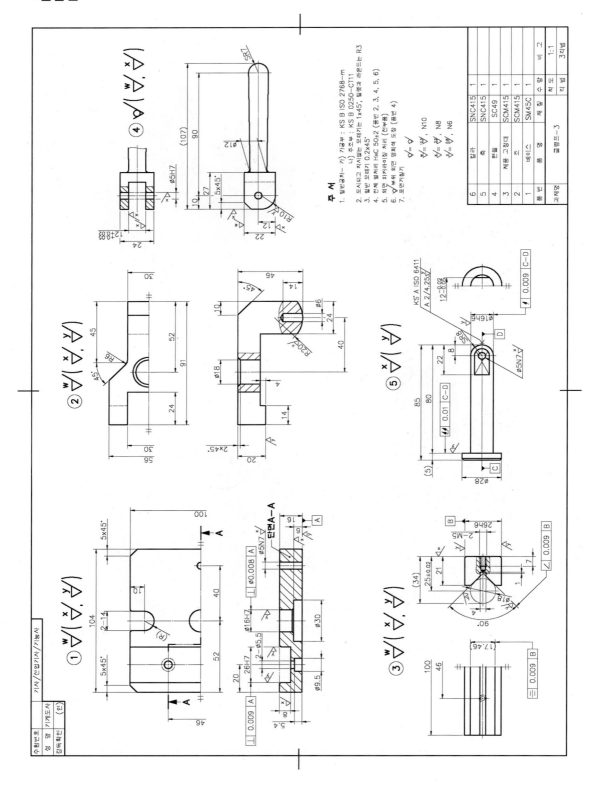

4. 2D 채점 Point

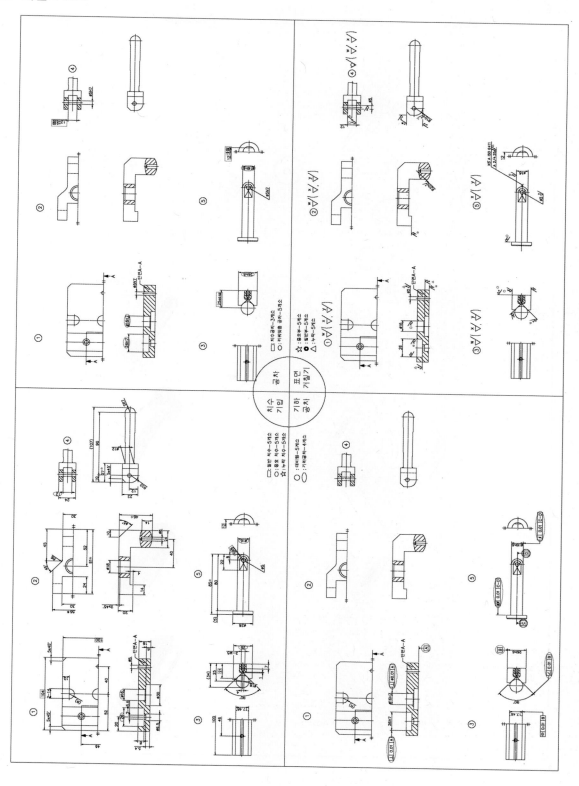

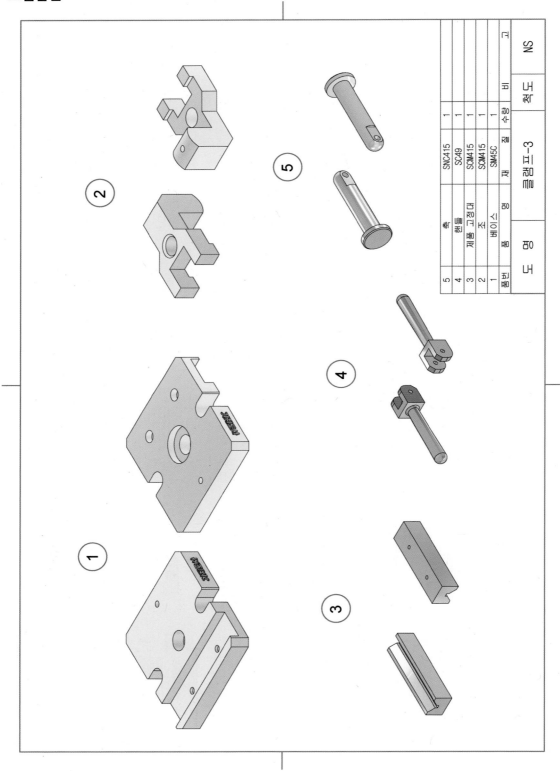

품번	품 명	재 질	수량	비 고
5	축	SNC415	1	
4	핸들	SC49	1	
3	제품 고정대	SCM415	1	
2	조	SCM415	1	
1	베이스	SM45C	1	

도 명	클램프-3
척 도	NS

6. 3D 등각분해도

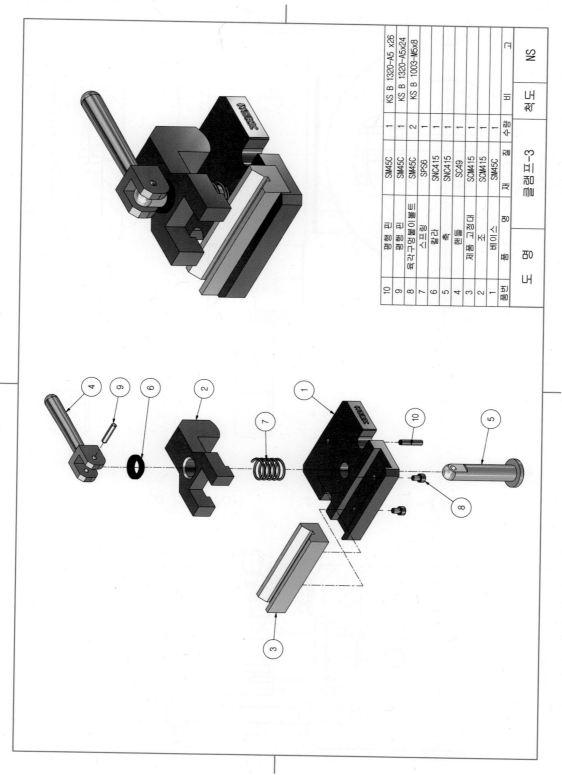

품번	품명	재질	수량	비고
10	평행핀	SM45C	1	KS B 1320-A5 x26
9	평행핀	SM45C	1	KS B 1320-A5x24
8	육각구멍붙이볼트	SM45C	2	KS B 1003-M5x8
7	스프링	SPS6	1	
6	칼라	SNC415	1	
5	핸들	SNC415	1	
4	핸들	SC49	1	
3	제품 고정대	SCM415	1	
2	조	SCM415	1	
1	베이스	SM45C	1	
품번	품명	재질	수량	비고

도명	클램프-3	척도	NS

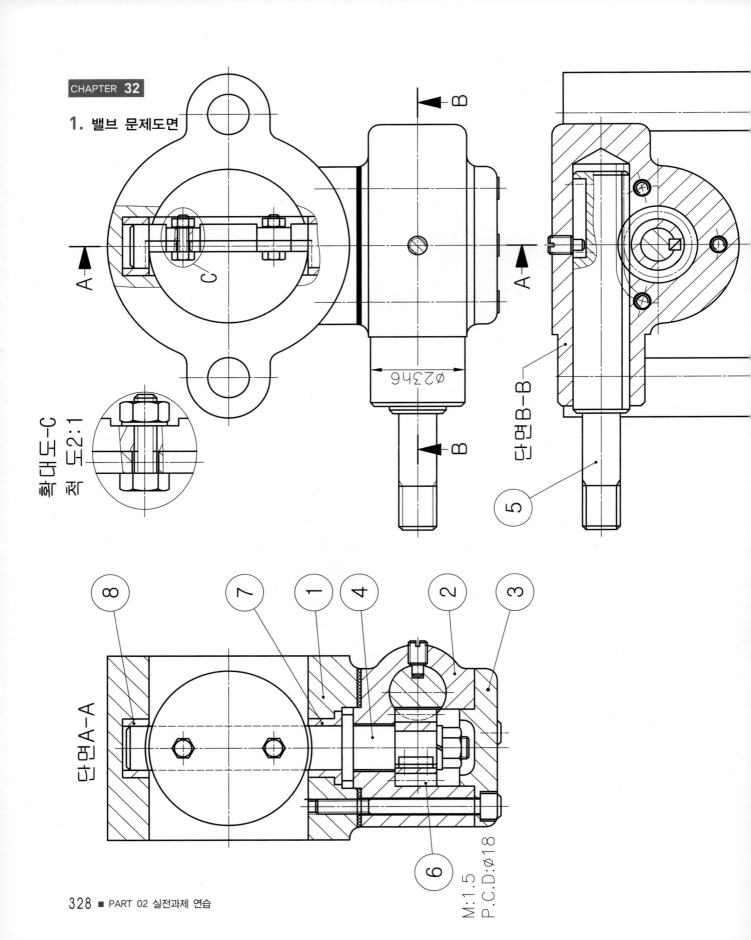

CHAPTER 32

1. 밸브 문제도면

확대도-C
척 도2:1

φ23h6

단면B-B

⑤

단면A-A

M:1.5
P.C.D:φ18

⑧ ⑦ ① ④ ② ③ ⑥

C

2. 등각조립도

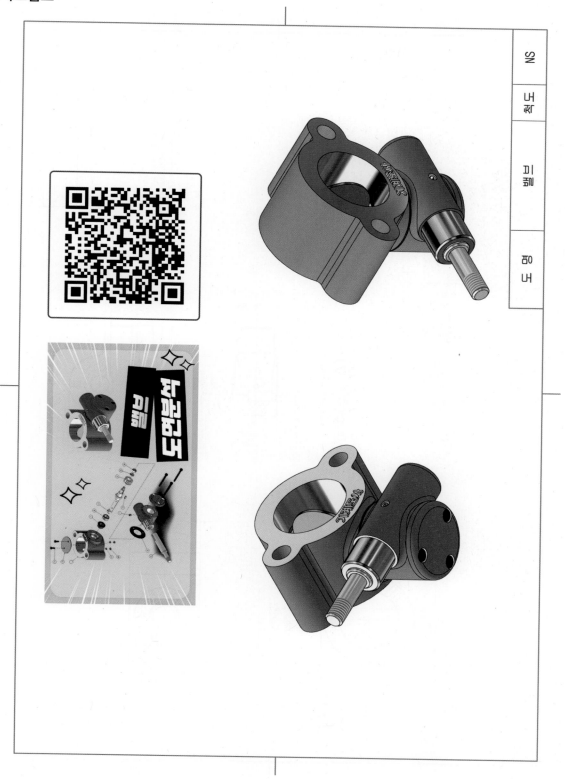

3. 2D 모범답안

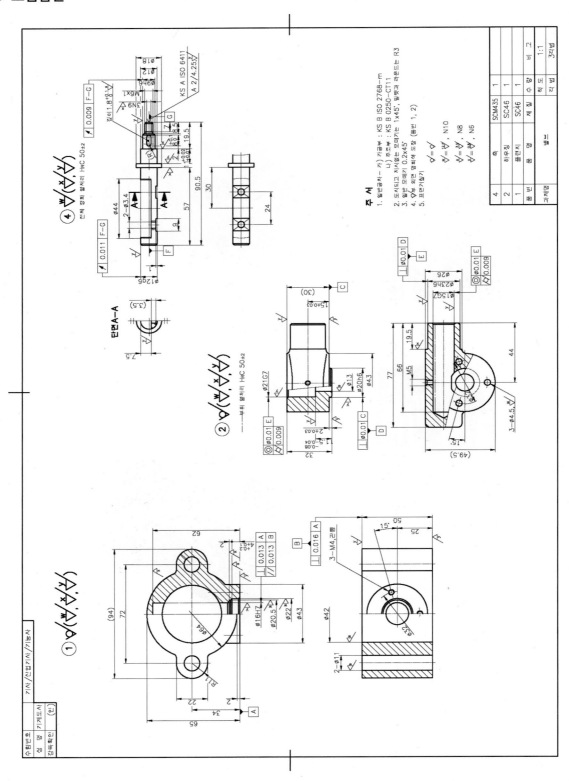

4. 2D 채점 Point

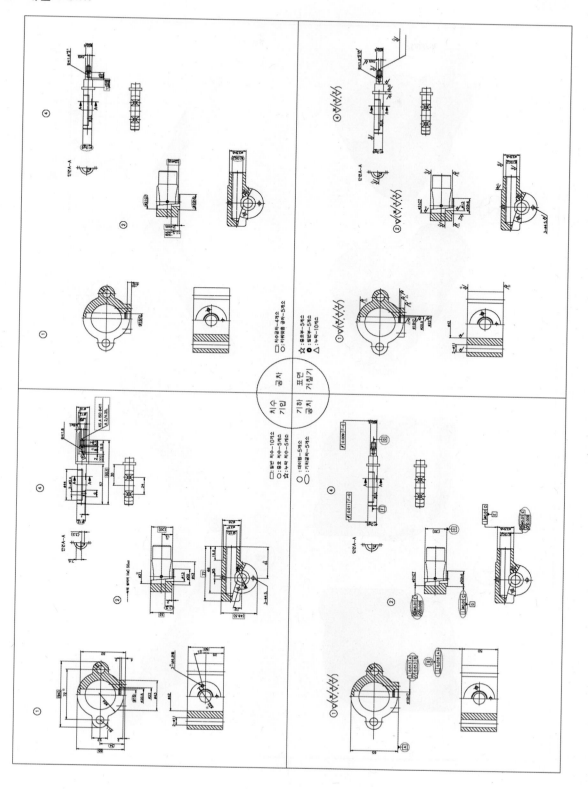

5. 3D 모범답안

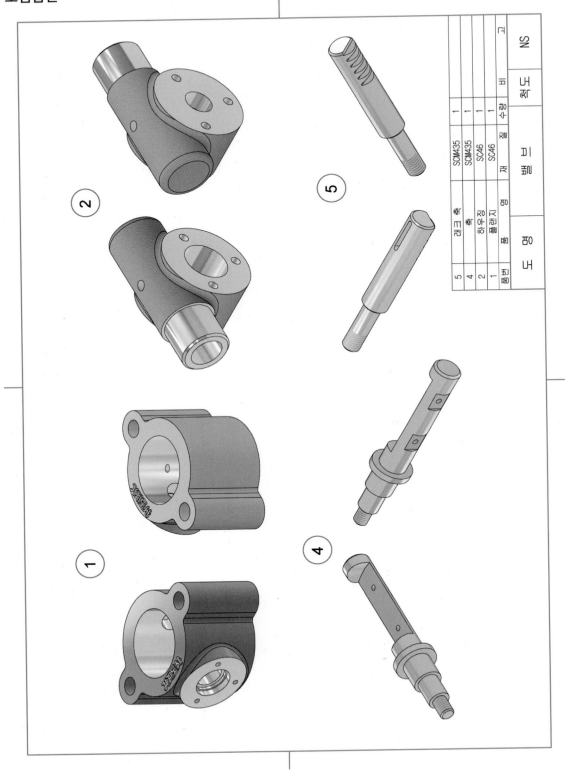

품번	품명		재질	수량	비고	척도	NS
1	몸통	본체	SC46	1			
2	하우징		SC46	1			
4	축		SCM435	1			
5	링크	플랜지	SCM435	1			

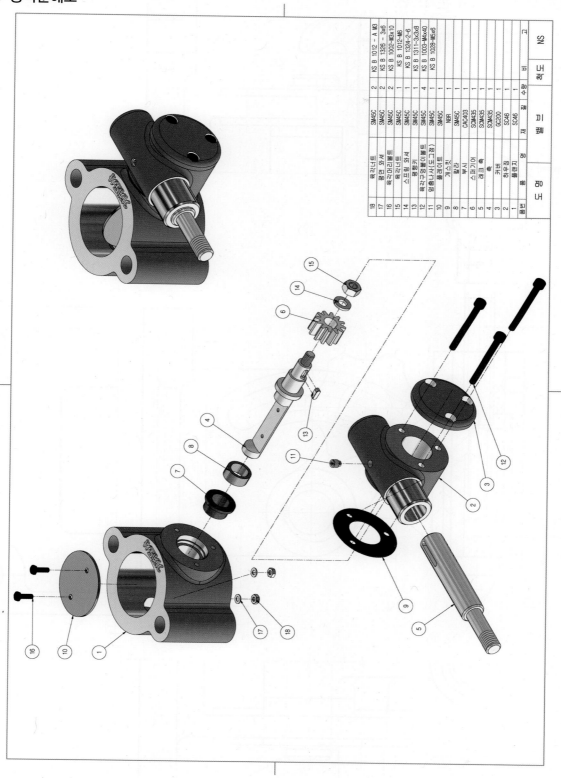

품번	품 명	재 질	수 량	비 고
18	육각너트	SM45C	2	KS B 1012 – A M3
17	평면 와셔	SM45C	2	KS B 1326 – 3x6
16	육각머리볼트	SM45C	2	KS B 1002–M3x10
15	육각너트	SM45C	1	KS B 1012–M6
14	스프링 와셔	SM45C	1	KS B 1324–2–6
13	평행핀	SM45C	1	KS B 1311–3x3x8
12	육각구멍붙이볼트	SM45C	4	KS B 1003–M4x40
11	멈춤나사(도그점)	SM45C	1	KS B 1028–M5x6
10	플레이트	SM45C	1	
9	개스킷	NBR	1	
8	칼라	SM45C	1	
7	부시	CAC403	1	
6	스퍼기어	SCM435	1	
5	랜크축	SCM435	1	
4	축	GC200	1	
3	커버	SC046	1	
2	하우징		1	
1	플랜지	SC046	1	

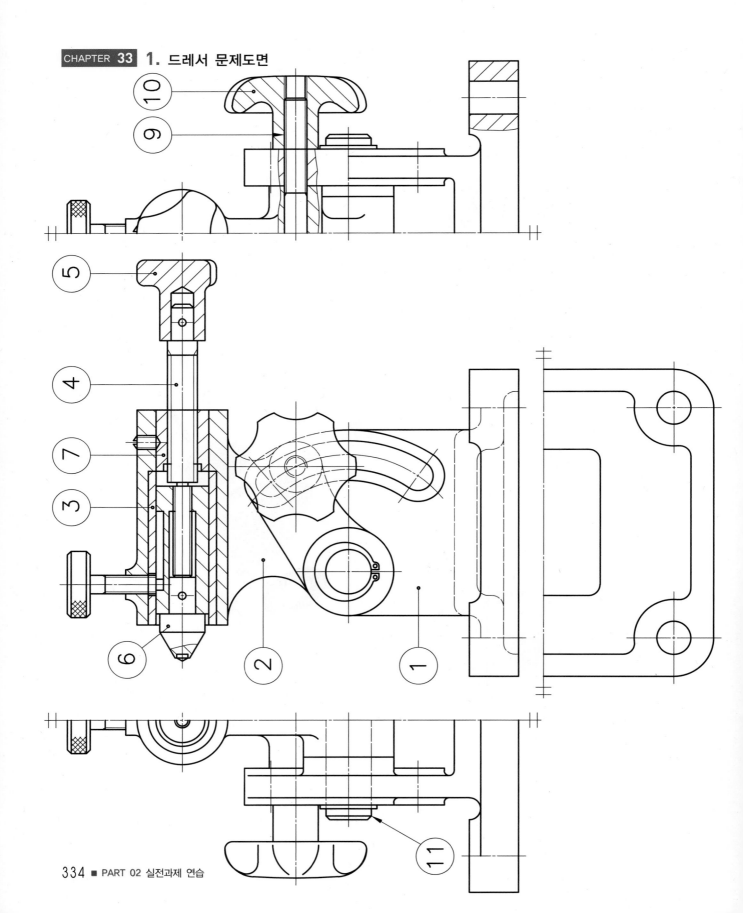

3. 2D 모범답안

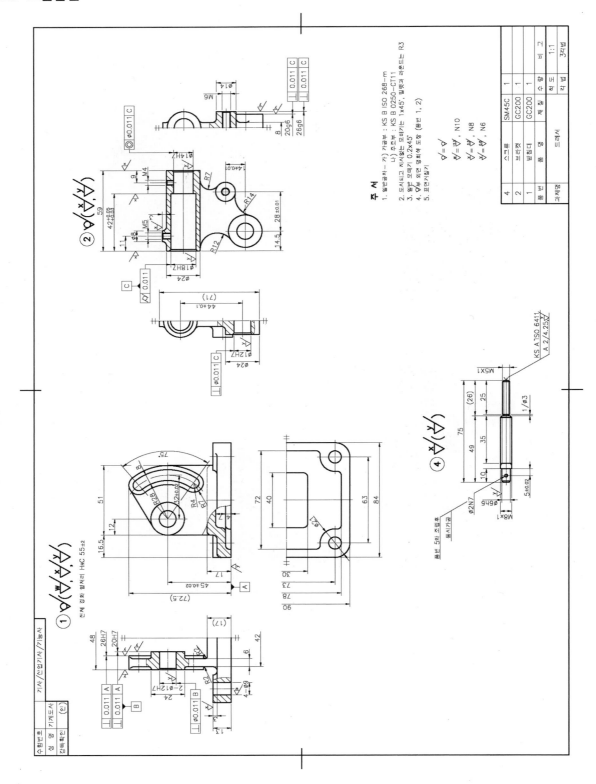

4. 2D 채점 Point

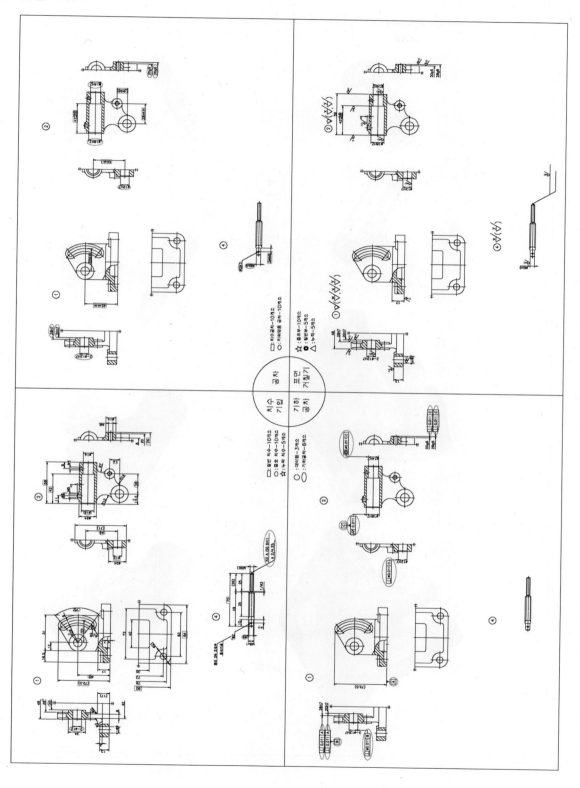

5. 3D 모범답안

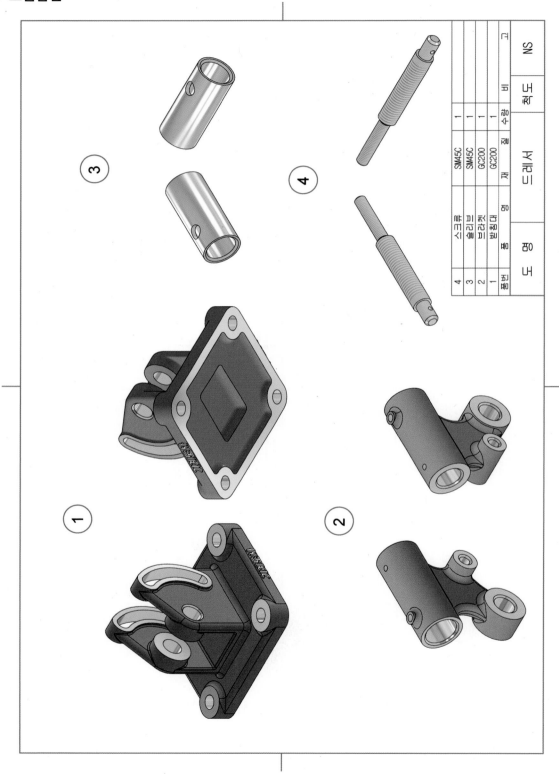

품번	품 명	재 질	수량	비 고
4	스크류	SM45C	1	
3	풀리셋트	SM45C	1	
2	플라켓	GC200	1	
1	받침대	GC200	1	
품번	품 명	재 질	수량	비 고
도 명	드레서		척 도	NS

6. 3D 등각분해도

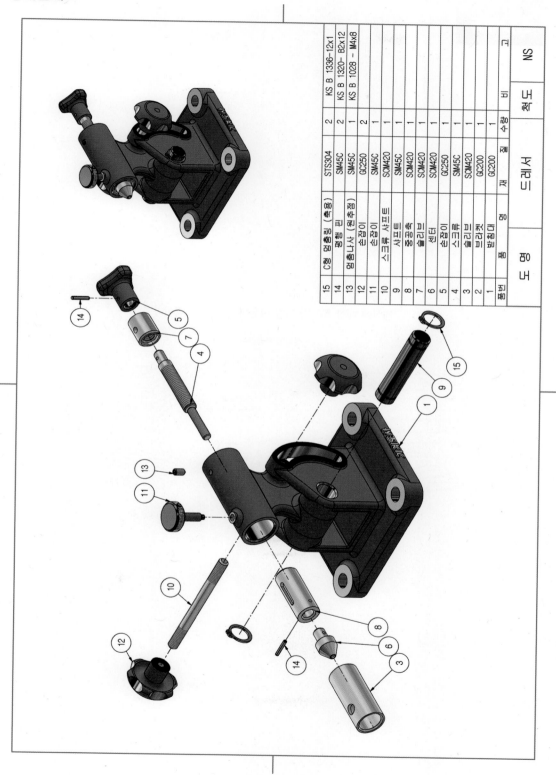

품번	품명	재질	수량	비고	NS
15	C형 멈춤링 (축용)	STS304	2	KS B 1336-12x1	
14	평행 핀	SM45C	2	KS B 1320- B2x12	
13	멈춤나사 (원추점)	SM45C	1	KS B 1028 - M4x8	
12	손잡이	GC250	2		
11	손잡이	SM45C	1		
10	스크루 샤프트	SCM420	1		
9	샤프트	SM45C	1		
8	중공축	SCM420	1		
7	슬리브	SCM420	1		
6	센터	GC250	1		
5	손잡이	SM45C	1		
4	스크루	SCM420	1		
3	슬리브	GC200	1		
2	커버	GC200	1		
1	받침대				

지식에 대한 투자가 가장 이윤이 많이 남는 법이다.

– 벤자민 프랭클린 –

작은 기회로부터 종종 위대한 업적이 시작된다.

- 데모스테네스 -

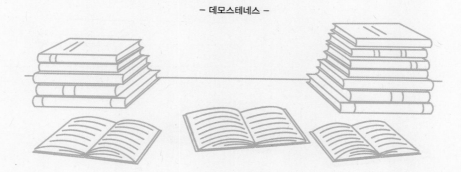

모든 전사 중 가장 강한 전사는 이 두가지, 시간과 인내다.

– 레프 톨스토이 –

Win-Q 전산응용기계제도기능사 실기 단기합격

개정1판1쇄 발행	2024년 05월 10일 (인쇄 2024년 03월 07일)
초 판 발 행	2023년 03월 10일 (인쇄 2023년 01월 27일)
발 행 인	박영일
책 임 편 집	이해욱
편 저	정인훈
편 집 진 행	윤진영, 최 영
표 지 디 자 인	권은경, 길전홍선
편 집 디 자 인	정경일
발 행 처	(주)시대고시기획
출 판 등 록	제10-1521호
주 소	서울시 마포구 큰우물로 75 [도화동 538 성지 B/D] 9F
전 화	1600-3600
팩 스	02-701-8823
홈 페 이 지	www.sdedu.co.kr

I S B N	979-11-383-6963-3(13550)
정 가	26,000원